高职高专立体化教材　计算机系列

DIV+CSS 网页布局技术教程
(第 2 版)

黄玉春　主　编

清华大学出版社

北 京

内 容 简 介

　　DIV+CSS 技术是目前最流行的网页制作技术。本书主要介绍了超文本标记语言 HTML(HTML5)、CSS(CSS3)层叠样式表和 JavaScript(jQuery)的基础知识和实际运用技术。通过实例分析讲解了 CSS 语法、文字段落设置、背景图片设置以及 CSS3 新功能等。重点讲解了如何运用 DIV+CSS 进行网页布局，注重实际操作，使读者更好地掌握 CSS 技术及 DIV+CSS 布局的精髓。本书最后提供了两个常见类型的完整网页的综合实例，让读者进一步巩固所学的知识，提高综合应用的能力。

　　本书适合大中专院校计算机应用技术和电子商务类专业教材，也可作为社会上网页设计技术的培训教程，还可以作为广大 Web 网站开发人员、网页设计师、网页前端架构师、用户体验设计师的参考书。

　　本书配套有实例源代码及电子教案(PPT)。

图书在版编目(CIP)数据

　　DIV+CSS 网页布局技术教程/黄玉春主编. —2 版. —北京：清华大学出版社，2018(2022.1 重印)
　　(高职高专立体化教材计算机系列)
　　ISBN 978-7-302-49710-3

　　Ⅰ. ①D… Ⅱ. ①黄… Ⅲ. ①网页制作工具—高等职业教育—教材 Ⅳ. ①TP393.092.2

　　中国版本图书馆 CIP 数据核字(2018)第 035772 号

责任编辑：桑任松
封面设计：刘孝琼
版式设计：杨玉兰
责任校对：王明明
责任印制：朱雨萌
出版发行：清华大学出版社
　　　　　网　　　址：http://www.tup.com.cn, http://www.wqbook.com
　　　　　地　　　址：北京清华大学学研大厦 A 座　　　邮　　编：100084
　　　　　社 总 机：010-62770175　　　　　　　　　邮　　购：010-62786544
　　　　　投稿与读者服务：010-62776969, c-service@tup.tsinghua.edu.cn
　　　　　质量反馈：010-62772015, zhiliang@tup.tsinghua.edu.cn
　　　　　课件下载：http://www.tup.com.cn, 010-62791865
印 装 者：三河市君旺印务有限公司
经　　销：全国新华书店
开　　本：185mm×260mm　　　印　张：17.5　　　字　数：400 千字
版　　次：2012 年 8 月第 1 版　2018 年 4 月第 2 版　　印　次：2022 年 1 月第 4 次印刷
定　　价：48.00 元

产品编号：075612-01

第 2 版前言

本书多年来受到许多读者欢迎，非常荣幸。此次改版是基于网页设计技术的发展需要，增加了网页设计技术的最新内容，删减了一些不必要的内容。目前 HTML5 和 CSS3 是 HTML 和 CSS 的最新版本，现在它们仍处于发展阶段，大部分主流浏览器都支持 HTML5 和 CSS3 技术。用 DIV+ CSS3 技术实现网页布局设计是网页前端设计的主流技术。网页前端三大技术是 HTML、CSS 和 JavaScript(jQuery)。

本书作为网页设计技术教程，最重要的特色就是将复杂、难以理解的问题简单化，让读者轻松理解并掌握。与第 1 版相比，本书增加了 HTML5、CSS3 和 jQuery 知识，删减了只有 IE 浏览器有较好支持的 CSS 滤镜技术(CSS3 技术可以很好地替代 IE 的 CSS 滤镜效果)。本书案例均采用 HTML5 技术标准编写。

全书共分 9 章。第 1 章介绍 HTML 与 HTML5 基础，重点介绍 HTML 基本用法及 HTML5 新特点及新加标签的使用。第 2 章介绍 CSS 基础和 CSS3 新功能，重点介绍 CSS 选择器和 CSS 及 CSS3 的应用。第 3 章介绍用 CSS 设置文字与背景，并介绍了一个综合设置文字及背景的实例。第 4 章介绍 CSS 的框模型与定位技术，重点介绍 CSS 框模型和 CSS 定位与浮动技术。第 5 章介绍 DIV+CSS 布局基础，重点介绍 CSS 排版观念和常见的 DIV+CSS 布局样式的制作方法，并详细介绍两个 DIV+CSS 布局的例子。第 6 章介绍 JavaScript 基础，重点介绍 JavaScript 语法、内置对象、浏览器对象和 JavaScript 制作网页的一些特效应用。第 7 章介绍了 CSS 与 jQuery 的综合应用，重点介绍了 jQuery 基本语法、jQuery 常用效果、jQuery 遍历元素，以及 CSS3 与 jQuery 结合的常用实例。第 8 章和第 9 章介绍了两个综合案例，分别介绍博客网站和公益网站首页的布局方法。

本书沿袭了第 1 版内容翔实、结构清晰、循序渐进，通过大量的技术应用实例深入讲解 DIV+CSS 布局方法的特点。书中精选的网页综合实例有很强的实际应用价值，大部分章节配备了习题和上机实训练习题，便于读者学习。

本书由黄玉春主编，王标为本书提供了部分案例。在本书编写的过程中，得到了不少专家和任课教师的大力支持，在此一并表示衷心的感谢。

编 者

第 1 版前言

随着 Web 2.0 标准的普及，网页标准化 CSS+DIV 的设计方式正逐渐取代传统的表格布局模式。采用 CSS+DIV 布局的优势主要体现在：能缩减页面代码，提高页面浏览速度；结构清晰，容易被搜索引擎搜索到，天生优化了 SEO 等方面。所以对 CSS 的学习是计算机应用技术人员从事网站设计的必修课程。

本书的定位是零基础学习 CSS+DIV 布局技术的大中专学生，也可用于帮助有表格布局基础的学生向 CSS+DIV 布局技术过渡，还可以作为工程技术人员的参考书。

全书共分 9 章。第 1 章介绍 HTML 和 XHTML 基础，重点介绍 HTML 基本用法及如何转换现有的文档为 XHTML。第 2 章介绍 CSS 基础，重点介绍 CSS 选择器和 CSS 的应用。第 3 章介绍用 CSS 设置文字与背景。第 4 章介绍 CSS 滤镜的应用，重点介绍视觉滤镜和转换滤镜。第 5 章介绍 CSS 框模型与定位技术，重点介绍 CSS 框模型和 CSS 定位与浮动技术。第 6 章介绍 DIV+CSS 布局基础，重点介绍 CSS 排版观念和常见的 CSS+DIV 布局样式的制作方法，并详细介绍两个 CSS+DIV 布局的例子。第 7 章介绍 CSS 与 JavaScript 的综合应用，重点介绍 JavaScript 语法、内置对象、浏览器对象和用 CSS 结合 JavaScript 制作网页的一些特效应用。第 8 章和第 9 章介绍两个综合案例，分别介绍博客网站和企业网站的布局方法。

本书内容翔实、结构清晰、循序渐进，通过大量的技术应用实例深入讲解 CSS+DIV 布局方法。书中精选的网页综合实例有很强的实际应用价值，大部分章节配备了习题和上机实训练习题，便于读者学习。

本书由黄玉春编写，王标为本书提供了部分案例。在本书编写的过程中，得到了不少专家和任课教师的大力支持，在此一并表示衷心的感谢。

编　者

目　　录

第1章 HTML 与 HTML5 基础

本章要点

● HTML 文件结构
● HTML 常用的标记
● 升级 HTML 到 XHTML
● HTML5 概述

打开一个网页，查看它的源代码，就会看到一些有规律的英文代码。这些代码就是超文本标记语言(HyperText Markup Language，HTML)。"超文本"就是指页面内可以包含图片、链接甚至音乐、程序等非文字的元素，"标记"就是说它不是程序语言，只是由文字及标记符号组合而成。

一个网页无论看上去多么五花八门、生动活泼，其实最本质的东西，就是由这些看着十分单调的 HTML 元素组成的，浏览器或者其他可以浏览网页的设备将这些 HTML 元素"翻译"过来，并按照定义的格式显示出来，转化成最终看到的网页。

现在有很多功能强大的网页编辑制作工具，如 Dreamweaver 等，它们使网页制作变得很简单。但是当制作者需要一些特殊的版式或者被一个莫名其妙的现象困扰的时候，最简单的解决方法，就是直接面对 HTML 源代码。对于要写脚本语言程序或者服务器端脚本编程的人来说，就更加要了解 HTML。

1.1 HTML 的基本用法

HTML 是 HyperText Markup Language 的缩写，即超文本标记语言，是一种用来制作超文本文档的简单标记语言。用 HTML 编写的超文本文档称为 HTML 文档，它能独立于各种操作系统平台(如 UNIX、Windows 等)。使用 HTML 描述的文件，需要通过 www 浏览器显示出效果。

HTML 是一种纯文本语言，也就是说，HTML 代码在运行时不用事先编译为二进制代码，而是直接通过网页浏览器逐行解释执行。所以，用一般的文本编辑器就可以编写 HTML 代码，保存时只需要把代码文件保存为.htm 或.html 格式即可。

1.1.1 HTML 文档的基本结构

用 HTML 创建的文档称为 HTML 文档，由按照一定规则组合起来的各种标记组成。

【例1-1】观察 HTML 文件结构。源文件(ex1-1.html)的代码如下：

```
<!DOCTYPE html>
<html>
<head>
<meta charset="utf-8">
<title> HTML 文档基本结构</title>
</head>
<body bgcolor="#CCCCCC">
<h3 align="center">测试 HTML 页面</h3>
<hr>
<p>这是我编写的<strong>第一个</strong>网页文件</p>
</body>
</html>
```

此文件在浏览器中预览(或运行)的结果如图 1-1 所示。

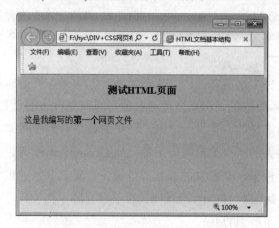

图 1-1　例 1-1 的文件预览结果

由例 1-1，可以知道 HTML 文档的基本特征如下。

(1) 用尖括号"<"和">"括起来的部分称为标记(也称标签)，每个标记都必须有一个标记名称来作为该标记的唯一标识，如<html>中的 html。绝大部分标记都有其相关的属性及属性值，如<body bgcolor="#cccccc">，其中 bgcolor 是标记<body>的一个属性，#cccccc 是 bgcolor 的取值。取值可以用引号括起来，也可以不用引号括起来，标记的属性通常都有一个默认值，如 bgcolor 的默认值是#ffffff。

(2) 大多数标记是成对出现和使用的，有开始标记和对应的结束标记，结束标记多一个斜杠，如：

```
<title>文档标题文字</title>
```

(3) 很多标记还有自己的属性，利用这些属性，可以作进一步的详细设置。其语法格式为：

```
<标记名 name1="value1" name2="value2"...>…</标记名>
```

各属性项间用空格分隔，属性值可用双引号或单引号，也可以不用引号。

(4)　HTML 标记可以嵌套使用，实现从不同角度对文本进行格式控制。各标记书写的先后顺序没有特别要求，只要不发生交叉嵌套就行。以下三行代码的效果等价：

```
<b><div align=center><font color=#ff0000>文字</font></div></b>
<div align=center><b><font color=#ff0000>文字</font></b></div>
<font color=#ff0000><b><div align=center>文字</div></b></font>
```

(5)　有些标记是单独使用的，没有对应的结束标记。例如换行标记
和画水平线标记<hr>。

(6)　HTML 标签不区分大小写，<p>的意思和<P>是一样的。但建议全部采用小写字母。

注意：在 XHTML 中规定标签必须为小写，HTML5 标签不区分大小写。

由例 1-1，还可以看出 HTML 文档一般由三个部分构成，分别如下。

(1)　<html></html>。

<html>标记用于定义网页文件的开始，对应的结束标记</html>则定义网页的结束。

(2)　<head></head>。

该组标记用于定义网页的头部。在网页的头部可以用<title></title>标记来定义网页的标题，可以用<meta>标记定义与文档相关的信息，可以放置 JavaScript 块或其他定义部分。

(3)　<body></body>。

<body>用于定义网页正文的开始，</body>用于定义网页正文的结束。网页的正文必须放置在这两个标记之间。网页正文包含了网页显示的绝大部分信息，如文字、图片、表格、超链接、多媒体等，是 HTML 文档的核心部分。<body>具有很多属性，后续章节将详细介绍。

1.1.2　常用的 HTML 标记

在制作一般的页面过程中，经常使用的标记有以下几种。

1. 标题

标题(heading)标记有 6 个级别，从<h1>到<h6>。<h1>为最大的标题，<h6>为最小的标题。通过设定不同等级的标题，可以完成很多层次结构的设置，比如文档的目录结构或者一份写作大纲。该标记的语法格式为：

```
<hn align="对齐方式">标题文本</hn>
```

align 属性的值有以下三种。

● left：左对齐(默认值)。

- center：居中对齐。

- right：右对齐。

【例 1-2】标题标记的使用。源文件(ex1-2.html)的代码如下：

```
<!DOCTYPE html>
<html>
<head>
<meta charset="utf-8">
<title>例 1-2 标题标记的使用</title>
</head>
<body>
<h1>一级标题</h1>
<h2>二级标题</h2>
<h3>三级标题</h3>
<h4>四级标题</h4>
<h5>五级标题</h5>
<h6>六级标题</h6>
</body>
</html>
```

此文件在浏览器中预览的结果如图 1-2 所示。

图 1-2　标题标记的使用

由图 1-2 可以看出，标题默认是左对齐的。可以通过修改 align 属性值，改变标题对齐的方式。

2．段落

段落(paragraphs)标记<p>是处理文字时经常用到的标记。段落内也可以包含其他标记，如图片标记<img>、换行符标记
、链接标记<a>等。该标记的语法格式为：

```
<p align="对齐方式">这是一个段落</p>
```

align 属性的值有以下三种。

- left：左对齐(默认值)。
- center：居中对齐。
- right：右对齐。

【例 1-3】段落标记的使用。源文件(ex1-3.html)的代码如下：

```html
<!DOCTYPE html>
<html>
<head>
<meta charset="utf-8">
<title>例 1-3 段落标记的使用</title>
</head>
<body>
<h3 align="center">段落标记的使用</h3>
<p align="center">这是一个段落(居中对齐)</p>
<p>这是另外一个段落。该段落内插了其他标记。<a href="#">我是段落内的超链接</a>(默认
左对齐)</p>
<p align="right">这是一个段落(右对齐)</p>
</body>
</html>
```

此文件在浏览器中预览的结果如图 1-3 所示。

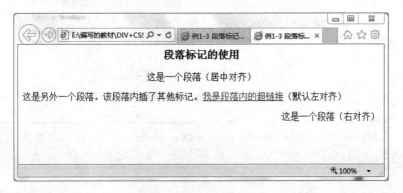

图 1-3　段落标记的使用

注意：有些网页中的段落没有结束标记</p>，虽然浏览器仍然能显示出这些段落，但是这是一种不提倡的做法，在 XHTML 和 HTML5 中，不允许出现这种情况。

3. 换行

换行标记
是一个单标记，也就是说，它只有起始标记，而没有结束标记。当需要结束一行，并且不想开始新段落时，使用
标记。
标记不管放在什么位置，都能够强制换行。

【例 1-4】换行标记的使用。源文件(ex1-4.html)的代码如下:

```
<!DOCTYPE html>
<html>
<head>
<meta charset="utf-8">
<title>例 1-4 换行符的使用</title>
</head>
<body>
<h3 align="center">换行符的使用</h3>
<p>这是一个段落,该段落内插了换行符。<br/>这个文字跟上面是同一个段落的,是被换行符强制
换行了! </p>
<p>这是另一个段落(注意换行符与段落另起一行的区别)</p>
</body>
</html>
```

此文件在浏览器中预览的结果如图 1-4 所示。

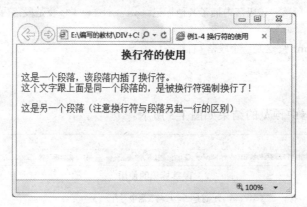

图 1-4　换行标记的使用

> 注意:虽然直接在 HTML 文件内写
并没有错,但是为了向 XHTML 和 HTML5 过渡,
> 最好养成关闭标签的习惯,为空标签加上"/",如
。

4. 超链接

在 HTML 中,通过标记符<a>...</a>来加入超链接。<a>和</a>之间的部分称作超链接源,也就是用鼠标点击的区域,一般以文字或图片作为超链接源。该标记的用法为:

```
<a href="url" target="winame" title="*">文字或图片</a>
```

相关说明如下。

标签<a>表示一个链接的开始,</a>表示链接的结束。

href 属性:用于指定所要链接的目标地址;目标地址是最重要的,一旦路径上出现差错,该资源就无法访问。

target 属性：该属性用于指定打开链接的目标窗口，其默认方式是源窗口。建立目标窗口的属性如表 1-1 所示。

表 1-1　建立目标窗口的属性

属性值	描　述
_parent	在上一级窗口中打开，一般使用分帧的框架页会经常使用
_blank	在新窗口打开
_self	在同一个帧或窗口中打开，这项一般不用设置
_top	在浏览器的整个窗口中打开，忽略任何框架

title 属性：该属性用于指定指向链接时所显示的标题文字。

1)　链接路径

若目标地址是网站内部的其他网页，这时目标地址使用相对路径。例如，当前网页有一个"首页"的菜单项，现定义一个超链接，当用户单击时切换到首页，则该链接的定义方法为：

```
<a href="index.htm">首页</a>
```

若目标地址是外部网站的网页，这时目标地址使用绝对路径。例如，在当前网页创建一个超链接，用以链接到"凤凰传媒"网站，则实现的代码为：

```
<a href="http://www.ppm.cn">凤凰传媒</a>
```

另外，也可以用图像作为超链接的标志。假设凤凰传媒集团的 logo 在 images 目录下，上述链接也可以表示为：

```
<a href="http://www.ppm.cn"><img src="images/logo.gif"></a>
```

2)　锚点链接

若要跳转到网页的某一个指定位置，则必须事先在该位置定义一个锚点(anchor)，定义锚点用<a>标记的 name 属性来实现，其用法为：

```
<a name="锚点名">
```

定义好锚点后，若要链接到网页的某一锚点，则链接的方法为：

```
<a href="#锚点名">文本</a>
```

3)　邮件链接

若要使超链接指向电子邮件发送链接，则可以用以下格式来实现：

```
<a href="mailto:电子邮件地址">…</a>
```

单击该链接，就会启动默认的电子邮件发送程序。

4)　下载链接

当超链接的 URL 是非网页的其他文件，如果文件能够在浏览器中浏览，就直接在浏览器中打开,如*.jpg、*.gif、*.png、*.txt 等格式的文件;如果该文件不能在浏览器中浏览,就会出现下载对话框,要求下载目标文件,如*.rar、*.exe 等格式的文件。例如,要在当前网页中创建一个超链接,用于下载 download/zy1.rar 文件,则实现的代码为:

```
<a href="download/zy1.rar">点击下载</a>
```

【例 1-5】超链接的使用。源文件(ex1-5.html)的代码如下:

```
<!DOCTYPE html>
<html>
<head>
<meta charset="utf-8">
<title>例 1-5 超链接的使用</title>
</head>
<body>
<h3 align="center">超链接的使用</h3>
<p>这是一个超链接,单击鼠标在<a href="1-5-a.html" target="_blank">新窗口中打开
网页</a>。</p>
<p>这是一个超链接,单击鼠标在<a href="1-5-a.html" target="_self">当前窗口中打开
网页</a>。</p>
<p>这是一个超链接,单击鼠标<a href="download/zy1.rar">下载文件</a>。</p>
<p>这是一个超链接,单击鼠标<a href="mailto:hyc@qq.com">发送邮件</a>。</p>
</body>
</html>
```

此文件在浏览器中预览的结果如图 1-5 所示。

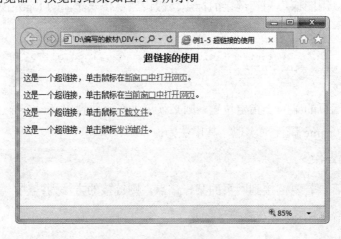

图 1-5 超链接标记的使用

5. 列表

在利用表格排版的时代,列表(lists)的作用被忽略了,很多应该是列表的内容,也转用表格来实现。随着 DIV+CSS 布局的推广,列表的地位变得重要起来,配合 CSS 样式表,列表可以显示成样式繁杂的导航、菜单、标题等。

列表可以分为以下三种：

(1)　无序列表(unordered lists)：一个无序列表的开头标记是用<ul>标签，每个项目的开始标记为<li>，在列表项目中可以加入段落、图像、链接等。列表项在浏览器中显示时，通常前面由黑色的圆点来表示。

(2)　有序列表(order lists)：有序列表每个项目前都有数字标记，开始标签是<ol>，每个项目的开始标签还是<li>。在列表项目中同样可以加入段落、图像、链接等。

(3)　释义列表(definition lists)：释义列表是一列事物以及与其相关的解释。释义列表的开始标签是<dl>，每个被解释的事物开始标签为<dt>，每个解释内容的开始标签是<dd>。在<dd>标签中的内容可以是段落、图像、链接等。

【例 1-6】列表标记的使用。源文件(ex1-6.html)的代码如下：

```
<!DOCTYPE html>
<html>
<head>
<meta charset="utf-8">
<title>列表标记的使用</title>
</head>
<body>
<ul>
    <li>面包</li>
    <li>咖啡豆</li>
    <li>牛奶</li>
    <li>黄油</li>
</ul>
<ol>
    <li>准备好原料</li>
    <li>将原料混合在一起</li>
    <li>将混合好的原料放入烘烤盘</li>
    <li>在烤箱中烘烤 1 小时</li>
    <li>从烤箱中取出</li>
    <li>放置 10 分钟</li>
    <li>端上餐桌</li>
</ol>
<dl>
    <dt>野生动物</dt>
    <dd>所有非经人工饲养而生活于自然环境下的各种动物。</dd>
    <dt>宠物</dt>
    <dd>指猫、狗以及其他供玩赏、陪伴、领养、饲养的动物，又称作同伴动物。</dd>
</dl>
</body>
</html>
```

此文件在浏览器中预览的结果如图 1-6 所示。

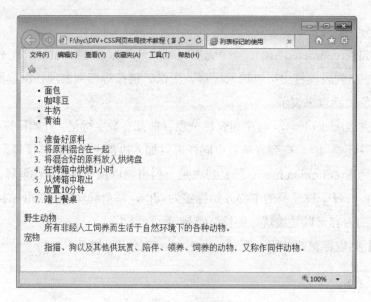

图 1-6　三种类型列表

6. 图片

在网页中引用图片必须用<img>元素标记。其用法为：

```
<img src=# alt=# width=# height=# border=# align=#>
```

属性说明如下。

(1) src 属性：src 的属性值为所引用的图片的 URL 地址。src 属性是必需的。src 的 URL 可以是绝对地址，也可以是相对地址。

例如，若要在网页的当前位置插入 images/flower.jpg 图形，则实现的代码为：

```
<img src="images/flower.jpg">
```

(2) alt 属性：设置图像的替代文字。在图片无法下载时或光标悬停在图片上 1s 后，显示替代文字。

(3) width、height 属性：设置图片的宽度和高度，单位为像素或百分比。

(4) border 属性：设置图形的边框宽度，单位为像素，默认值为 0。

(5) align 属性：设置图像的对齐方式，取值为 top、middle、bottom、left、right，默认值为 left。

【例 1-7】在页面中添加一个图像。源文件(ex1-7.html)的代码如下：

```
<!DOCTYPE html>
<html>
<head>
<meta charset="utf-8">
<title>ex1-7 图片的使用</title>
</head>
```

```
<body>
<h2>网页中插入图片</h2>
<img border="0" src="images/flower.jpg" alt="flower.jpg" width="304"
height="228">
</body>
</html>
```

此文件在浏览器中预览的结果如图 1-7 所示。

图 1-7　网页中插入图片

7. 表格

表格是网页设计中经常用到的元素，除了规范数据的输出外，在网页设计中常常用它来进行版面的布局和元素的定位。

表格由标题、表头和若干表行组成，每一行由若干单元格组成。其中：

- <table></table>用于定义表格的开始和结束。
- <caption></caption>用于定义表格标题的开始和结束，可以省略。
- <tr></tr>用于定义表行的开始和结束，一组<tr></tr>产生一个表行。
- <td></td>用于定义单元格的开始和结束，一组<td></td>产生一个单元格。
- <th></th>用于定义表头单元格的开始和结束，一组<th></th>产生一个表头单元格，该单元格内的数据以加粗、居中的方式显示。

表格的<table>、<tr>、<th>、<td>等标签都可以设置宽度、高度、背景色等多种属性，但是一般不推荐在 HTML 内定义这些属性，而应该将其统一定义到 CSS 样式表内，以方便修改。

【例 1-8】表格的使用。源文件(ex1-8.html)的代码如下：

```
<!DOCTYPE html>
<html>
```

```
<head>
<meta charset="utf-8">
<title>表格的使用</title>
</head>
<body>
<table width="217" border="1" cellpadding="0" cellspacing="0">
    <caption>我的营养早餐</caption>
    </tr>
        <th>主食</th>
        <th>饮料</th>
    </tr>
    <tr>
        <td>面包</td>
        <td>牛奶</td>
    </tr>
</table>
</body>
</html>
```

此文件在浏览器中预览的结果如图 1-8 所示。

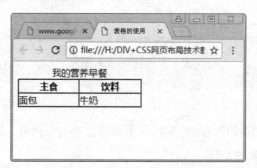

图 1-8　表格的使用

8．DIV 标签与 SPAN 标签

层(div)称为定位标记，它不像链接或者表格具有实际的意义，其作用是设定文字、图片等网页元素的摆放位置。现在的 div 标记主要用来进行网页布局，在后续的任务中将有详细的应用和说明。

范围(span)和层的作用类似，只是<span>标记一般应用在行内，用以定义一小块需要特别标识的内容。<span>标记需要通过设置 CSS 样式表才能发挥作用。

> **说明：** 以前我们设置字体红色可通过<font color="#ff0000">红色字体</font>来实现。随着HTML 向 HTML5 过渡，<font>标记将不被支持，要设置字体红色可通过<span style="color:red;">红色字体</span>来实现。

9. 内嵌框架

若要在一个网页中包含并显示另一个网页的内容，则可通过使用内嵌框架来实现。设置内嵌框架的标记为<iframe>，其用法为：

```
<iframe name=# src="url" scrolling=# frameborder=# height=# width=# >
</iframe>
```

属性说明如下。

(1) name 属性：该属性用于设置框架的名称。

(2) src 属性：该属性用于设置所要载入的网页文件名称。

(3) scrolling 属性：该属性用于设置子窗口是否有滚动条，取值为 yes 或 no，分别表示有滚动条或无滚动条。默认值为 yes。

(4) frameborder 属性：该属性用于设置是否显示边框，取值为 yes 或 no，分别表示显示或不显示边框。默认值为 yes。

(5) height、width 属性：用于设置框架的高度和宽度。

例如，若要在当前网页中使用内嵌框架显示 weather.htm 网页，框架的高度为 40，宽度为 60，不显示滚动条，则实现的代码为：

```
<iframe src="weather.htm" scrolling=no frameborder=no height=40 width=60>
</iframe>
```

10. 表单

表单在网页设计(尤其是动态网页设计)中起着重要的作用，它是用户与 Web 服务器进行信息交互的主要手段。在网络上，通过填写表单后提交的方式完成用户信息的收集并将其传递给 Web 服务器。

【例 1-9】表单的使用。源文件(ex1-9.html)的代码如下：

```
<!DOCTYPE html>
<html>
<head>
<meta charset="utf-8">
<title>表单的使用</title>
</head>
<body>
<form name="frm1" action="test.asp" method="post">
<h3 style="text-align:center;" >[学院社区]论坛用户注册</h3>
<table align="center" cellspacing="5">
    <tr>
    <td>用户名:</td>
    <td><input name="username" type="text" maxlength=16 />
        <span style="color:#FF0000">(用户名不超过 16 个字符)</span></td>
```

```
        </tr>
        <tr>
        <td>密  码:</td>
          <td><input name="textfield" type="password" maxlength="16" />
                <span style="color:#FF0000">(密码由 8～16 位字符组成)
</span></td>
          </tr>
        <tr><td>确认密码:</td>
        <td><input name="textfield2" type="password" maxlength="16" />
</td></tr>
        <tr><td>性  别 :</td>
        <td><input type="radio" name="radiobutton" value="radiobutton" /> 男生
            <input type="radio" name="radiobutton" value="radiobutton" /> 女生
</td></tr>
        <tr><td>爱  好:</td>
        <td><input type="checkbox" name="checkbox" value="checkbox" />读书
            <input type="checkbox" name="checkbox2" value="checkbox" />上网
            <input type="checkbox" name="checkbox3" value="checkbox" />运动
            <input type="checkbox" name="checkbox4" value="checkbox" />音乐
</td></tr>
        <tr><td>电子邮箱:</td>
        <td><input name="textfield3" type="text" size="30" maxlength="30" />
            <span style="color:#FF0000">(用于激活密码)</span></td></tr>
        <tr><td>照  片:</td>
        <td><input type="file" name="file"></td></tr>
        <tr><td>所在系部:</td>
        <td><select name="select">
            <option selected>==请选择系部==</option>
            <option value="jidian">机电工程系</option>
            <option value="xinxi">信息工程系</option>
            <option value="guanli">管理工程系</option>
            <option value="ziyuan">资源开发系</option>
            </select>  </td></tr>
        <tr><td>我的签名:</td>
        <td><textarea name="textarea" cols="50" rows="5"></textarea></td></tr>
        <tr><td></td>
            <td colspan="2"><input type="submit" name="Submit" value="注册">
            <input type="reset" name="Submit2" value="重填"></td>
        </tr>
</table>
</form>
</body>
</html>
```

此文件在浏览器中预览的结果如图 1-9 所示。

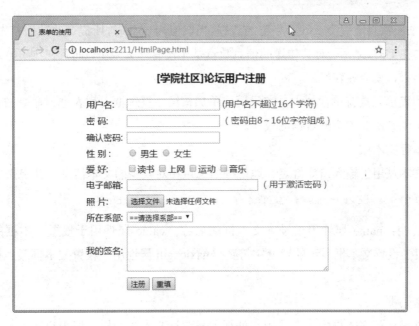

图 1-9　表单的使用

由例 1-9 可以知道表单的格式如下：

```
<form name="表单名" action="URL" method="post|get">
    表单元素 1
    表单元素 2
    表单元素 3
    …
</form>
```

其中各属性说明如下。

(1)　name 属性：用于定义表单对象的名称。定义表单名称后，可方便程序引用表单中的对象。

(2)　action 属性：该属性用于设置一个接收和处理表单提交数据的脚本程序。可以是一个 CGI(Common Gateway Interface，通用网关接口)，也可以是 ASP 程序、PHP 程序或 Java 程序。

(3)　method 属性：该属性用于设置表单提交数据的方法，其取值为 post 或 get。当取值为 get 时，表单所提交的数据以字符串的形式附加到 action 所指定的 URL 后面，中间用"？"隔开，每个表单元素之间用"&"隔开，然后把整个字符串传送到服务器。该地址串的格式如下：

```
http://localhost/test.asp?ID=001&username=user1&submit=submit
```

此处是将表单数据提交给 test.asp 页面处理，ID 代表表单中一个名为 ID 的表单元素，等于号后的 001 代表用户在该表单元素上输入的值，其余以此类推。

get 方法一次只能提交 256 个字符的数据。当取值为 post 时,所提交的数据首先被封装,而不用附加在 URL 之后,对其传送的信息数量基本没有什么限制,而且在浏览器地址栏中不会显示出来,安全性较好。

常用的表单元素有单行文本、密码框、单选按钮、复选框、列表框、命令按钮等,这些表单元素就是所要提交的数据的载体。

1) 单行文本域

单行文本域用于输入诸如姓名、地址等信息量相对较少的文本信息。其定义方法为:

```
<input type=text name=#  value=#  size=# maxlength=#>
```

属性说明:name 属性用于设置文本框的名称;value 属性用于设置文本框的初值;size 属性用于设置文本框显示的宽度字符数;maxlength 属性用于设置文本框最多接收的字符数。

2) 密码框

密码框是单行文本框的一个特例,外观上与单行文本框一样,但用户输入数据时,数据会以“*”代替显示,以起到保密的作用。其定义方法为:

```
<input type=password name=#  value=#  size=# maxlength=#>
```

密码框的属性基本与单行文本框的属性相同。

3) 隐藏域

隐藏域用于承载不需要或不希望用户干预的信息,在页面显示效果上是不可见的。通过隐藏域,可悄悄向服务器发送一些用户不知情的信息。其定义方法为:

```
<input type=hidden name=#  value=#>
```

隐藏域有 name 和 value 属性,其含义同单行文本域对应的属性。

4) 多行文本域

多行文本域用于接收大量数据的场合,诸如输入简历、文章资料等信息相对较多的文本。其定义方法为:

```
<textarea name=# rows=# cols=#> ... </textarea>
```

属性说明:name 用于设置多行文本域的名称;rows 用于设置多行文本域的行数;cols 用于设置多行文本域的列数。

5) 列表框

列表框可以提供一些事先设置的候选项供用户选择。其定义方法为:

```
<select name=# size=# id=# multiple>
    <option value="该列表项的值"[selected]>列表项文本1</option>
    <option value="该列表项的值"[selected]>列表项文本2</option>
    …
```

```
<option value="该列表项的值"[selected]>列表项文本 n</option>
</select>
```

属性说明：size 属性用于设置列表框的高度，即一次能看到的列表项的数目。若设置为 1 或不设置，则为下拉式列表；若设置为大于或等于 2 的值，则为滚动式列表框。

multiple 为可选项，若选用该参数，则允许多项选择。

<option>和</option>标记用于定义具体的列表项；value 属性用于设置该列表项代表的值，即当用户选中该列表项后，表单所提交的值；selected 为可选项，用于指定默认的选项，只能有一个列表项可选用该参数。

6）复选框

复选框提供了候选项的一种方法，常用于多项选择。一般情况下是多个同名的复选框组成一个复选框组，相互配合使用，以供用户做多项选择之用。其定义方法为：

```
<input type=checkbox name=# value=# [checked]>
```

属性说明：value 用于设置当用户选中该项后，表单所提交的值；checked 为可选项，若选用该参数，则复选框呈选中状态。

7）单选按钮

单选按钮一般情况下也是多个同名的单选按钮组成一个单选按钮组，相互配合使用，以供用户做单项选择之用。其定义方法为：

```
<input type=radio name=# value=# [checked]>
```

说明：单选按钮的属性同复选框的属性类似。需要注意的是，一组单选按钮的名称必须相同，否则就无法实现多选一的目的。

8）命令按钮

表单中可使用的命令按钮有提交按钮、重置按钮和普通按钮三种，提交按钮具有内建的表单提交功能；重置按钮具有内建的表单重置功能；普通按钮不具有内建行为，需要配合"onClick=function"使用。

提交按钮的定义方法为：

```
<input type="submit" value="按钮标题" name=#>
```

重置按钮的定义方法为：

```
<input type="reset" value="按钮标题" name=#>
```

普通按钮的定义方法为：

```
<input type="button" value="按钮标题" name=# onClick=事件处理函数或语句>
```

11. 注释标记

在 HTML 内添加注释可以方便阅读和分析代码，在注释标签内的内容不会被浏览器显示。

注释的语法为：

`<!--注释内容-->`

以上标签是在制作页面过程中使用比较多的，还有一些不太常用的 HTML 标记，在此不再介绍。HTML 是很简单的一种语言，只要弄清每个标记的含义，就能够很容易理解其内容及作用。

1.2 升级到 XHTML

XHTML 是 the eXtensible HyperText Markup Language(可扩展超文本标记语言)的缩写。HTML 是一种基本的 Web 网页设计语言，XHTML 是一个基于 XML 的置标语言，看起来与 HTML 有些相像，只有一些小的但重要的区别，XHTML 就是一个扮演着类似 HTML 的角色的 XML，所以，本质上说，XHTML 是一个过渡技术，结合了部分 XML 的强大功能及大多数 HTML 的简单特性。

1.2.1 为什么要升级 HTML

随着互联网技术的发展，HTML 已经不能适应越来越多的网络设备和应用的需要了，主要表现在以下几个方面。

- 手机、PDA、信息家电都不能直接显示 HTML。
- 由于 HTML 代码不规范、臃肿，浏览器需要足够智能和庞大才能够正确显示 HTML。
- 数据与表现混杂，这样页面要改变显示，就必须重新制作 HTML。

因此 HTML 需要发展才能解决这个问题，于是 W3C 又制定了 XHTML，它是 HTML 向 XML 过渡的一个桥梁。

XML 是 Web 发展的趋势，XHTML 是当前替代 HTML 4.0 标记语言的标准，使用 XHTML 1.0 只要遵守一些简单的规则，就可以设计出既适合 XML 系统，又适合当前大部分 HTML 浏览器的页面，这使得 Web 平滑地过渡到 XML。

使用 XHTML 的另一个优势是它非常严密。当前网络上的 HTML 使用极其混乱，不完整的代码/私有标记的定义、反复杂乱的表格嵌套等，使得页面体积越来越庞大，而浏览器为了兼容这些 HTML 也跟着变得非常庞大。

XHTML 能与其他 XML 的标记语言、应用程序以及协议进行良好的交互工作。XHTML 是 Web 标准家族的一部分，能很好地用在无线设备等其他用户代理上。

高职高专立体化教材 计算机系列

1.2.2 XHTML 与 HTML 比较

XHTML 是基于 HTML 的，它是更严格、代码更整洁的 HTML 版本，所以只要注意其中的要点，就能够很容易地向 XHTML 迈进。

XHTML 和 HTML 之间最大的区别在于以下几个方面。

1. 选择 DTD 定义文档的类型

DOCTYPE 是 document type(文档类型)的简写，用来说明所用的 XHTML 或者 HTML 是什么版本。例如：

```
<!DOCTYPE html PUBLIC "-//W3C//DTD XHTML 1.0 Transitional//EN"
"http://www.w3.org/TR/xhtml1/DTD/xhtml1-transitional.dtd">
<html xmlns="http://www.w3.org/1999/xhtml">
<head>
<meta http-equiv="Content-Type" content="text/html; charset=gb2312" />
<title>文档标题</title>
</head>
<body>
    文档内容
</body>
</html>
```

其中的 DTD(例如 xhtml1-transitional.dtd)叫文档类型定义，里面包含了文档的规则，浏览器就根据所定义的 DTD 来解释页面的标记，并展现出来。

> **说明：** 要建立符合标准的网页，DOCTYPE 声明是必不可少的关键组成部分；除非你的 XHTML 确定了一个正确的 DOCTYPE，否则你的标识和 CSS 都不会生效。

XHTML 1.0 提供了三种 DTD 声明可供选择。

(1) 过渡的(Transitional)：要求非常宽松的 DTD，它允许继续使用 HTML 4.01 的标记(但是要符合 XHTML 的写法)。完整代码如下：

```
<!DOCTYPE html PUBLIC "-//W3C//DTD XHTML 1.0 Transitional//EN"
"http://www.w3.org/TR/xhtml1/DTD/xhtml1-transitional.dtd">
```

(2) 严格的(Strict)：要求严格的 DTD，不能使用任何表现层的标识和属性。完整代码如下：

```
<!DOCTYPE html PUBLIC "-//W3C//DTD XHTML 1.0 Strict//EN"
"http://www.w3.org/TR/xhtml1/DTD/xhtml1-strict.dtd">
```

(3) 框架的(Frameset)：专门针对框架页面设计使用的 DTD，如果页面中包含有框架，需要采用这种 DTD。完整代码如下：

```
<!DOCTYPE html PUBLIC "-//W3C//DTD XHTML 1.0 Frameset//EN"
"http://www.w3.org/TR/xhtml1/DTD/xhtml1-frameset.dtd">
```

> 提示：对于初次尝试 Web 标准的制作者来说，只要选择用过渡型的声明就可以了。它依然可以兼容表格布局/表格标识。在 Dreamweaver 8 中新建文档的时候可以在【文档类型】中选择文档的类型，软件会自动插入相应的 DOCTYPE。

2. 设定一个命名空间

命名空间(Namespace，也称名称空间或名字空间)是收集元素类型和属性名字的一个详细的 DTD，命名空间声明允许通过一个在线地址指向来识别命名空间，只要直接在 DOCTYPE 声明后面添加如下代码：

```
<html XMLns="http://www.w3.org/1999/xhtml" >
```

3. 定义语言编码

为了被浏览器正确解释和通过标识校验，所有的 XHTML 文档都必须声明它们所使用的编码语言。代码如下：

```
<meta http-equiv="Content-Type" content="text/html; charset=GB2312" />
```

这里声明的编码语言是简体中文 GB2312，如果需要制作繁体内容，可以定义为 BIG5。

4. 用小写字母书写所有的标记

XML 对英文大小写是敏感的，所以，XHTML 也是英文大小写有区别的。所有的 XHTML 元素和属性的名字都必须使用英文小写，否则文档将被 W3C 校验认为是无效的。例如下面的代码是不正确的：

```
<BODY>
<P>XHTML 大小写敏感哦</P>
</BODY>
```

5. 为图片添加 alt 属性

为所有图片添加 alt 属性。alt 属性指定了当图片不能显示的时候就显示供替换文本，这样做对正常用户可有可无，但对纯文本浏览器和使用屏幕阅读机的用户来说是至关重要的。只有添加了 alt 属性，代码才会被 W3C 正确性校验通过。需要注意的是我们要添加有意义的 alt 属性，像下面这样的写法毫无意义：

```
<img src="logo.gif" alt="logo.gif">
```

正确的写法：

```
<img src="logo.gif" alt="互动工作室标志，点击返回首页">
```

6．给所有属性值加引号

在 HTML 中，可以不给属性值加引号，但是在 XHTML 中，它们必须被加引号。还必须用空格分开属性。

7．关闭所有的标记

在 XHTML 中，每一个打开的标记都必须关闭。空标记也要关闭，在标记尾部使用一个正斜杠"/"来关闭它们自己。例如：

```
<br />
```

8．用 id 属性代替 name 属性

HTML 4.0 定义了 name 属性的元素有 a、applet、form、frame、iframe、img 和 map。HTML 4.0 还引入了 id 属性。这两个属性都是被设计用作片段标识符。在 XHTML 中除表单(form)外，name 属性不能被使用，应该用 id 来替换，如：

```
<img src="images/cat.jpg" name="cat"/> 代码错误
<img src="images/cat.jpg" id="cat"/> 代码正确
```

为了使旧浏览器也能正常地执行该内容，也可以在标签中同时使用 id 和 name 属性，如：

```
<img src="images/cat.jpg" id="cat" name="cat"/>
```

> 注意：在 XHTML 1.0 中，是不赞成使用 name 属性的，在以后的 XHTML 版本中将被删除。

1.2.3　如何转换现有的文档为 XHTML

要将一个 HTML 页面转换成 XHTML，一般可以依照以下步骤进行。

(1) 添加一个 DOCTYPE 定义。在每个页的首行添加如下 DOCTYPE 声明：

```
<!DOCTYPE html PUBLIC "-//W3C//DTD XHTML 1.0 Transitional//EN"
"http://www.w3.org/TR/xhtml1/DTD/xhtml1-transitional.dtd">
```

注意我们使用的是过渡型的 DTD。我们也可以选择严密型的 DTD，但它的要求过于严格，想完全地去遵循它有些困难。

(2) 小写标记和属性名称。自从 XHTML 区分英文大小写并只接受小写 HTML 标签和属性后，查找所有大写标签并替换成小写标签的工作开始了。对那些属性名称也是这样。如果在代码书写中已经习惯使用小写属性名称，那么这类工作实际上难度并不大。

(3) 所有属性值加上引号。W3C 表示 XHTML 1.0 中所有属性值都必须被引号括起来，所以每个页都需要检查，这是项消耗时间的工作，以后应该避免出现这类问题。

(4) 关闭空标签。在 XHTML 中不允许有空标签<hr>、
和<img>。像<hr>和

应该用<hr/>和
来替换。用
标记的话会在网页浏览器中出现错误，所以使用
 来解决这个问题(br 后多加个空格)。

(5) 校验网站。以上任务完成后，所有的页需要进行校验。校验网址：http://validator.w3.org。可以通过网址校验或文件上传校验。校验成功，会显示"This document was successfully checked as XHTML 1.0 Transitional!"。校验失败，会显示"Error found while checking this document as HTML 4.01 Transitional!"。

如果页面通过 XHTML 1.0 校验，可以在页面上放置一个图标，如图 1-10 所示。

图 1-10　通过 XHTML 1.0 校验的图标

1.3　HTML5 概述

HTML5 是 HTML 最新的修订版本，2014 年 10 月由万维网联盟(W3C)完成标准制定。HTML5 的设计目的是在移动设备上支持多媒体。HTML5 将会取代 1999 年制定的 HTML 4.01、XHTML 1.0 标准，以期能在互联网应用迅速发展的时候，使网络标准达到符合当代的网络需求，为桌面和移动平台带来无缝衔接的丰富内容。

1.3.1　HTML5 的发展历程

标准通用标记语言下的一个应用HTML标准自 1999 年 12 月发布 HTML 4.01 后，后继的 HTML5 和其他标准被束之高阁，为了推动 Web 标准化运动的发展，一些公司联合起来，成立了一个叫作 Web Hypertext Application Technology Working Group (Web超文本应用技术工作组，WHATWG) 的组织。WHATWG 致力于 Web 表单和应用程序，而W3C(World Wide Web Consortium，万维网联盟)专注于XHTML 2.0。在 2006 年，双方决定进行合作，来创建一个新版本的 HTML。

HTML5 草案的前身名为 Web Applications 1.0，于 2004 年被 WHATWG 提出，于 2007 年被 W3C 接纳，并成立了新的 HTML 工作团队。

HTML5 的第一份正式草案已于 2008 年 1 月 22 日公布。HTML5 仍处于完善之中。然而，大部分现代浏览器已经具备了某些 HTML5 支持。

2012 年 12 月 17 日，万维网联盟(W3C)正式宣布凝结了大量网络工作者心血的 HTML5 规范已经正式定稿。根据 W3C 的发言稿称："HTML5 是开放的 Web 网络平台的奠基石。"

2013 年 5 月 6 日，HTML 5.1 正式草案公布。该规范定义了第五次重大版本，第一次要修订万维网的核心语言——超文本标记语言(HTML)。在这个版本中，新功能不断推出，以帮助 Web 应用程序的作者，努力提高新元素互操作性。

　　本次草案的发布，从 2012 年 12 月 27 日至今，进行了多达近百项的修改，包括 HTML 和 XHTML 的标记，相关的API、Canvas等，同时对 HTML5 的图像 img 标签及 svg 也进行了改进，性能得到进一步提升。

　　支持 HTML5 的浏览器包括Firefox(火狐浏览器)、IE9及其更高版本、Chrome(谷歌浏览器)、Safari、Opera 等；国内的傲游浏览器(Maxthon)，以及基于 IE 或Chromium(Chrome 的工程版或称实验版)所推出的360 浏览器、搜狗浏览器、QQ 浏览器、猎豹浏览器等国产浏览器同样具备支持 HTML5 的能力。

　　在移动设备开发 HTML5 应用只有两种方法，一种是全使用 HTML5 的语法，另一种是仅使用 JavaScript 引擎。

　　HTML5 手机应用的最大优势就是可以在网页上直接调试和修改。原先应用的开发人员可能需要花费非常大的力气才能达到 HTML5 的效果，不断地重复编码、调试和运行，这是首先需要解决的一个问题。因此也有许多手机杂志客户端是基于 HTML5 标准，开发人员可以轻松调试修改。

　　2014 年 10 月 29 日，万维网联盟宣布，经过近乎 8 年的艰辛努力，HTML5 标准规范终于制定完成了，并已公开发布。

　　HTML5 将会取代 1999 年制定的 HTML 4.01、XHTML 1.0 标准，以期能在互联网应用迅速发展的时候，使网络标准达到符合当代的网络需求，为桌面和移动平台带来无缝衔接的丰富内容。

　　W3C CEO Jeff Jaffe 博士表示：“HTML5 将推动 Web 进入新的时代。不久以前，Web 还只是上网看一些基础文档，而如今，Web 是一个极大丰富的平台。我们已经进入一个稳定阶段，每个人都可以按照标准行事，并且可用于所有浏览器。如果我们不能携起手来，就不会有统一的 Web。”

　　HTML5 还有望成为梦想中的“开放 Web 平台”(Open Web Platform)的基石，如能实现可进一步推动更深入的跨平台 Web 应用。

　　接下来，W3C 将致力于开发用于实时通信、电子支付、应用开发等方面的标准规范，还会创建一系列的隐私、安全防护措施。

1.3.2　HTML5 的优势

　　从 HTML 4.0、XHTML 到 HTML5，从某种意义上讲，这是 HTML 描述性标记语言的一种更加规范的过程。因此 HTML5 并没有给开发者带来多大的冲击，但 HTML5 增加了很多非常实用的新功能和新特性。

1. 解决了跨平台问题

　　HTML5 最显著的优势在于跨平台性，用 HTML5 搭建的站点与应用可以兼容 PC 端与移动端、Windows 与 Linux、安卓与 IOS。它可以轻易地移植到各种不同的开放平台、应用平台上，打破各自为政的局面。这种强大的兼容性可以显著地降低开发与运营成本，可以让企业特别是创业者获得更多的发展机遇。

2. 本地存储特性

HTML5 的本地存储特性也给使用者带来了更多便利。基于 HTML5 开发的轻应用比本地 APP 拥有更短的启动时间，更快的联网速度，而且无须下载占用存储空间，特别适合手机等移动媒体。

3. 更多的多媒体元素

HTML5 让开发者无须依赖第三方浏览器插件即可创建高级图形、版式、动画以及过渡效果，这也使得用户用较少的流量就可以欣赏到炫酷的视觉听觉效果。

4. 代码更安全

使用 HTML5，代码更安全。众所周知，Web 应用有一个很大的问题就是代码安全的问题，但现在 HTML5 可以将 Web 代码全部加密，本地应用解密后再运行，大大地保证了代码的安全性。

1.3.3　HTML5 的新元素

自 1999 年以后 HTML 4.01 已经改变了很多，HTML 4.01 中的几个元素已经被废弃，这些元素在 HTML5 中已经被删除或重新定义。

为了更好地处理互联网应用，HTML5 添加了很多新元素及功能，比如：图形的绘制、多媒体内容、更好的页面结构、更好的形式处理和几个 API 拖放元素、定位，包括网页、应用程序缓存等。

1. 结构元素

HTML5 提供了新的元素来创建更好的页面结构，常用的有：

<header>元素，用于定义文档的页眉。

<article>元素，用于页面的侧边栏内容。

<section>元素，用于定义文档中的节(section、区段)。

<nav>元素，用于定义导航链接部分。

<footer>元素，用于定义文档或区域的页脚。

2. canvas 元素

<canvas>元素，用于定义图形，比如图表和其他图像。该标记基于 JavaScript 的绘图 API。

例如，下面代码是在画布(Canvas)上画一个红色矩形。

```
<canvas id="myCanvas">你的浏览器不支持 HTML5 canvas 标记。</canvas>
<script>
var c=document.getElementById('myCanvas');
var ctx=c.getContext('2d');
ctx.fillStyle='#FF0000';
ctx.fillRect(0,0,80,100);
</script>
```

3. 新多媒体元素

HTML5 新增了一些多媒体元素，通过这些元素可以更好地展示多媒体信息，增强人们对信息的理解和记忆。

<audio>元素，用于定义音频内容。

<video>元素，用于定义视频(video 或者 movie)。

<source>元素，用于定义多媒体资源 <video> 和 <audio>。

<embed>元素，用于定义嵌入的内容，比如插件。

<track>元素，为诸如 <video> 和 <audio> 元素之类的媒介规定外部文本轨道。

4. 新表单元素

<datalist>元素，用于定义选项列表。该元素与<input>元素配合使用，用来定义<input>可能的值。

<keygen>元素，用于规定表单的密钥对生成器字段。当用户提交表单时会生成两个键：一个是存储在客户端的私钥，一个是被发送到服务器的公钥，它可用于之后验证用户的客户端证书。<keygen>元素的作用是提供了一种可靠的验证方法。

<output>元素，用于定义不同类型的输出，比如脚本的输出。

习 题 1

1. 选择题

(1) 下列哪一项表示的不是按钮? (　　)

    A. type="submit"　　　B. type="reset"　　C. type="image"　　　D. type="button"

(2) 当链接指向下列哪一种文件时，不打开该文件，而是提供给浏览器下载? (　　)

    A. ASP　　　　　　B. HTML　　　C. ZIP　　　　　D. CGI

(3) 如果一个表格包括有 1 行 4 列，表格的总宽度为 699，间距为 5，填充为 0，边框为 3，每列的宽度相同，那么应将单元格定制为多少像素宽? (　　)

A． 126　　　　　　　　B． 136　　　　　　　　C． 147　　　　　　　D． 167

(4) 下面哪一项是换行符标记? (　　　)

A． <body>　　　　　　B． <font>　　　　C．
　　　　　D． <p>

(5) Web 安全色所能够显示的颜色种类为(　　　)。

A． 216 色　　　　　　B． 256 色　　　　C． 千万种颜色　　D． 1500 种色

(6) 常用的网页图像格式有(　　　)。

A． gif，tiff　　　　B． tiff，jpg　　　C． gif，jpg　　　D． tiff，png

(7) 在客户端网页脚本语言中最为通用的是(　　　)。

A． JavaScript　　　　B． VB　　　　　C． Perl　　　　　D． ASP

(8) 可以不用发布就能在本地计算机上浏览的页面编写语言是(　　　)。

A． ASP　　　　B． HTML　　　C． PHP　　　D． JSP

(9) 在网页中，必须使用(　　　)标记来完成超级链接。

A． <a>…</a>　　B． <p>…</p>　　C． <link>…</link>　　D． <li>…</li>

(10) 以下标记中，没有对应的结束标记的是(　　　)。

A． <body>　　　B．
　　　C． <html>　　　D． <title>

(11) 若设计网页的背景图形为 bg.jpg，以下标记中，正确的是(　　　)。

A． <body background="bg.jpg">　　　　B． <body bground="bg.jpg">

C． <body image="bg.jpg">　　　　　　D． <body bgcolor="bg.jpg">

(12) 若要以标题 2 号字、居中、红色显示"你好"，以下用法中，正确的是(　　　)。

A． <h2><div align="center"><color="#ff00000">你好</div></h2></font>

B． <h2><div align="center"><font color="#ff00000">你好</div></h2></font>

C． <h2><div align="center"><font color="#ff00000">你好</h2>/div></font>

D． <h2><div align="center"><font color="#ff00000">你好</font></div></h2>

(13) 若要在页面中创建一个图形超链接，要显示的图形为 myhome.jpg，所链接的地址为http://www.pcnetedu.com，以下用法中，正确的是(　　　)。

A． <a href="http://www.pcnetedu.com">myhome.jpg</a>

B． <a href="http://www.pcnetedu.com"><img src="myhome.jpg"></a>

C． <img src="myhome.jpg"><a href="http://www.pcnetedu.com"></a>

D． <a href =http://www.pcneredu.com><img src="myhome.jpg">

(14) 若要获得名为 login 的表单中名为 txtuser 的文本输入框的值，以下获取的方法中，正确的是(　　　)。

A． username=login.txtser.value　　　　B． username=document.txtuser.value

C． username=document.login.txtuser　　　D． username=document.txtuser.value

(15) 若要产生一个 4 行 30 列的多行文本域，以下方法中，正确的是(　　　)。

A. `<input type="text" rows="4" cols="30" name="txtintrol">`

B. `<textArea rows="4" cols="30" name="txtintro">`

C. `<textArea rows="4" cols="30" name="txtintro"></textArea>`

D. `<textArea rows="30" cols="4" name="txtintro"></textArea>`

(16) 用于设置文本框显示宽度的属性是(　　　)。

　　A. size　　　　　　B. maxLength　　　　　C. value　　　　D. length

(17) 在网页中若要播放名为 demo.avi 的动画，以下用法中，正确的是(　　　)。

　　A. `<embed src="demo.avi" autostart=true>`

　　B. `<embed src="demo.avi" autoopen=true>`

　　C. `<embed src="demo.avi" autoopen=true></embed>`

　　D. `<embed src="demo.avi" autostart=true></embed>`

(18) 若要循环播放背景音乐 bg.mid，以下用法中，正确的是(　　　)。

　　A. `<bgsound src="bg.mid" loop="1">`

　　B. `<bgsound src="bg.mid" loop=-1>`

　　C. `<sound src="bg.mid" loop="True">`

　　D. `<embed src="bg.mid" autostart=true></embed>`

(19) 可用来在一个网页中嵌入显示另一个网页内容的标记符是(　　　)。

　　A. `<marquee>`　　B. `<iframe>`　　　　C. `<embed>`　　　D. `<object>`

(20) 以下创建 E-mail 链接的方法，正确的是(　　　)。

　　A. `<a href="master@163.com">`管理员`</a>`

　　B. `<a href="callto:master@163.com">`管理员`</a>`

　　C. `<a href="mailto:master@163.com">`管理员`</a>`

　　D. `<a href="Email:master@163.com">`管理员`</a>`

2. 填空题

(1) HTML 网页文件的标记是_____，网页文件的主体标记是_____，页面标题的标记是_____。

(2) 表格的标签是_____，单元格的标签是_____。

(3) 表格的宽度可以用百分比和_____两种单位来设置。

(4) 用来输入密码的表单域是_____。

(5) 当表单以电子邮件的形式发送时，表单信息不以附件的形式发送，应将"MIME 类型"设置为_____ 。

(6) 文件头标记也就是通常所见到的_____标记。

(7) 创建一个 HTML 文档的开始标记是_____；结束标记是_____。

(8) 设置文档标题以及其他不在 Web 网页上显示的信息的开始标记是_____；结束标记是_____。

(9) 网页标题会显示在浏览器的标题栏中，则网页标题应写在开始标记_____和结束标记符_____之间。

(10) 要设置一条 1 像素粗的水平线，应使用的 HTML 语句是_____。

(11) 表单对象的名称由_____属性设定；提交方法由_____属性指定；若要提交大数据量的数据，则应采用_____方法；表单提交后的数据处理程序由_____属性指定。

(12) HTML 是一种描述性的_____语言，主要用于组织网页的内容和控制输出格式。JavaScript 或 VBScript 是_____语言，常嵌入网页中使用，以实现对网页的编程控制，进一步增强网页的交互性和功能。

(13) _____是网页与网页之间联系的纽带，也是网页的重要特色。

(14) 网页中三种最基本的页面组成元素是_____。

(15) 严格来说，_____并不是一种编程语言，而只是一些能让浏览器看懂的标记。

(16) 浮动框架的标记是_____。

(17) 实现网页交互性的核心技术是_____。

(18) 能够建立网页交互性的脚本语言有两种，一种是只在_____端运行的语言，另一种在网上经常使用的语言是_____端语言。

(19) 表单是 Web_____和 Web_____之间实现信息交流和传递的桥梁。

(20) 表单实际上包含两个重要组成部分：一是描述表单信息的_____，二是用于处理表单数据的服务器端_____。

(21) 设置网页背景颜色为绿色的语句是_____。

(22) 在网页中插入背景图案(文件的路径及名称为/img/bg.jpg)的语句是_____。

(23) 插入图片<img src="图形文件名">标记符中的 src 英文单词是_____。

(24) 设定图片边框的属性是_____。

(25) 为图片添加简要说明文字的属性是_____。

(26) 在页面中实现滚动文字的标记是_____。

(27) <img src="ex.gif " dynsrc="ex.avi" loop=3 loopdelay=250>语句的功能是_____。

(28) 预格式化文本标记<pre></pre>的功能是_____。

3．思考与回答

(1) HTML 文档标记的特征有哪些？

(2) XHTML 与 HTML 之间的主要区别有哪些？

(3) 如何将现有的 HTML 文档转换为 XHTML 文档？

(4) HTML5 与之前的 HTML 相比有哪些优势？

(5) HTML5 新增了哪些标记？

上机实验 1

1．实验目的

熟悉并掌握 HTML 标记的用法和功能。掌握 HTML 网页的基本结构，学会利用 HTML 标记来编写简单的网页，从而达到能够编写和阅读 HTML 网页源代码的目的。其中应重点掌握有关表单的应用。

2．实验内容

(1) 在记事本中调试书上的各个实例。

(2) 试在 login.htm 页面中设计一名为 userinfo 的表单，用以收集注册用户的资料，并将其提交给 userlogin.asp 页面处理。其界面如图 1-11 所示。

(3) 要求编写的代码符合 HTML5 格式要求。

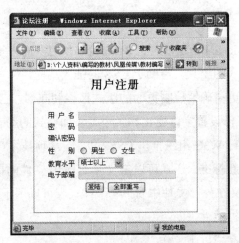

图 1-11 用户注册界面

第 2 章　CSS 基础与 CSS3 新功能

本章要点

- CSS 的基本概念
- CSS 与 HTML 结合
- CSS 选择器
- CSS3 简介

2.1　CSS 的基本概念和特点

　　Internet 是当今世界上最大的计算机网络，它将全球成千上万的计算机网络和数量众多的计算机主机有机地结合在一起，形成了一个全球信息网。目前 Internet 上可以提供的服务种类非常多，如远程登录(Telnet)、电子邮件(E-mail)、文件传输(FTP)、万维网(World Wide Web)等，其中，Web 和 E-mail 是最常用的服务。

　　ASP 与 Internet 上的 Web 服务有着密切的关系。为了真正理解 ASP 的工作机制，首先需要了解 Web 的一些基本知识。

2.1.1　CSS 的基本概念

　　CSS 是 Cascading Style Sheet(层叠样式表)的简称，更多的人把它称作样式表。顾名思义，它是一种设计网页样式的工具。借助于 CSS 的强大功能，网页将在设计者丰富的想象力下千变万化。CSS 可以更精确地控制页面的版式风格和布局，它将弥补 HTML 对网页格式化的不足。利用 CSS 可以设置字体变化和大小、页面格式的动态更新和排版定位等。

　　自从 1998 年 5 月 12 日 W3C 组织推出 CSS2 以来，这项技术在世界范围内得到广泛的支持。CSS2 成为 W3C 的新标准。样式可以定义在 HTML 文件的标记里，也可以定义在外加的文件中。当样式表定义在外部文件中时，一个样式表可以用于多个页面甚至整个网站，因此具有更好的易用性和扩展性。

　　总体来说，CSS 可以完成以下工作。

- 弥补 HTML 对网页格式化功能的不足，如段落间距、行距等。
- 设置字体变化和大小。
- 设置页面格式的动态更新。
- 进行排版定位。

2.1.2　CSS 的特点

CSS 具有以下特点。

(1)　将格式和结构分离。

HTML 定义了网页的结构和各要素的功能，而 CSS 通过将定义结构的部分和定义格式的部分分离，使用户能够对页面的布局施加更多的控制。HTML 仍可以保持简单明了的初衷，CSS 代码独立出来，从另一个角度控制页面外观。

(2)　控制页面布局。

HTML 对页面总体上的控制很有限。像精确定位、行间距或字间距等任务都可以通过 CSS 来完成。

(3)　制作体积更小且下载更快的网页。

样式表只是简单的文本，就像 HTML 那样。它不需要图像、执行程序及插件。使用 CSS 可以减少表格标签及其他加大 HTML 体积的代码，还可以减少图像数量，从而减小文件的大小。

(4)　更新速度更快。

没有 CSS 时，如果想更新整个站点中所有主体文本的字体，必须一页一页地修改每个网页文件。CSS 的主旨就是将格式和结构分离。利用样式表，可以将站点上所有的网页都指向单一的一个 CSS 文件，因此只要修改 CSS 文件中的某一行，那么整个站点都会随之发生改变。

(5)　更有利于搜索引擎的搜索。

CSS 减少了代码量，使得正文更加突出，有利于搜索引擎更有效地搜索到 Web 页面。

2.2　CSS 选择器

CSS 由一系列的样式规则构成，样式规则具体定义和控制网页文档的显示方式。每个规则由一个"选择器"(Selector)和一个定义部分组成。每个定义部分包含一组由半角分号(;)分离的定义。这组定义放在一对大括号{}之间。每个定义由一个特性、一个半角冒号(:)和一个值组成。

2.2.1　CSS 样式规则的定义

CSS 样式规则的定义格式为：

选择器 { 属性 1：属性值 1；属性 2：属性值 2；... }

说明：

选择器用于指定样式所作用的对象。选择器可以是 HTML 标记，也可以是一个类名。大括号中的部分用于定义具体样式的规则，它由若干组属性名和相应的属性值构成，各组间用分号分隔，属性名与对应的属性值间用冒号分隔。

例如，若要定义 h1 的字体为黑体，字体大小为 20pt，颜色为红色，则该种样式的定义方法为：

```
h1 { font-family:黑体; font-size:20pt; color:red }
```

2.2.2　标记选择器

一个 HTML 页面由很多的标记组成，而 CSS 标记选择器就是声明哪些标记采用哪种 CSS 样式。例如 p 选择器就是用于声明页面中所有<p>标记的样式风格。同样可以通过 h1 选择器来声明页面中所有的<h1>标记的样式风格。例如：

```
<style>
p {
color:red;
font-size:12px;
}
</style>
```

以上这段代码声明了 HTML 页面所有的<p>标记，文字的颜色都采用红色，大小都为 12px。每一个 CSS 选择器都包含了选择器本身、属性和值，其中属性和值可以设置多个，从而实现对同一个标记声明多种样式风格。

在网站的后期维护中，如果希望所有<p>标记不再采用红色，而是采用蓝色，这时仅仅需要将属性 color 的值修改为 blue 即可。

2.2.3　CSS 选择器分组

可以对选择器进行分组，这样，被分组的选择器就可以分享相同的声明。可用逗号将需要分组的选择器分开。

例如，在下面的例子中，对所有的标题元素进行了分组，所有的标题元素都是绿色的：

```
h1,h2,h3,h4,h5,h6 {
color: green;
}
```

2.2.4　派生选择器

通过依据元素在其位置的上下文关系来定义样式，可以使标记更加简洁。通过这种方式来应用规则的选择器称为派生选择器。

派生选择器允许根据文档的上下文关系来确定某个标签的样式。通过合理地使用派生选择器，可以使 HTML 代码变得更加整洁。

例如，我们希望列表中的 strong 元素变为斜体字，而不是通常的粗体字，可以这样定义一个派生选择器：

```
li strong {
font-style: italic;
font-weight: normal;
}
<p><strong>我是粗体字，不是斜体字，因为我不在列表当中，所以这个规则对我不起作用
</strong></p>
<ol>
<li><strong>我是斜体字。这是因为 strong 元素位于 li 元素内。</strong></li>
<li>我是正常的字体。</li>
</ol>
```

在上面的例子中，只有 li 元素中的 strong 元素的样式为斜体字，无须为 strong 元素定义特别的 class 或 id，代码更加简洁。

2.2.5　id 选择器

id 选择器可以为标有特定 id 的 HTML 元素指定特定的样式。id 选择器以"#"来定义。

下面的两个 id 选择器，第一个可以定义元素的颜色为红色，第二个定义元素的颜色为绿色：

```
#red {color:red;}
#green {color:green;}
```

下面的 HTML 代码中，id 属性为 red 的 p 元素显示为红色，而 id 属性为 green 的 p 元素显示为绿色：

```
<p id="red">这个段落是红色的。</p>
<p id="green">这个段落是绿色的。</p>
```

注意：id 属性只能在每个 HTML 文档中出现一次。

在现代布局中，id 选择器常常用于建立派生选择器：

```
#sidebar p {
font-style: italic;
text-align: right;
margin-top: 0.5em;
}
```

上面的样式只会应用于 id 是 sidebar 的元素内的段落。这个元素很可能是 div 或者是表格单元，尽管它也可能是一个表格或者其他块级元素。

2.2.6　类选择器

在 CSS 中，类选择器以一个点号显示。例如：

```
.center {text-align: center}
```

在上面的例子中，所有拥有 center 类的 HTML 元素均为居中。

在下面的 HTML 代码中，h1 和 p 元素都有 center 类，这意味着两者都将遵守".center"选择器中的规则：

```
<h1 class="center">
This heading will be center-aligned.
</h1>
<p class="center">
This paragraph will also be center-aligned.
</p>
```

注意：类名的第一个字符不能使用数字！它无法在 Mozilla Firefox 浏览器(也称火狐浏览器)中起作用。

与 id 一样，class 也可被用作派生选择器：

```
.fancy td {
color: #f60;
background: #666;
}
```

在上面的这个例子中，类名为 fancy 的元素内部的表格单元都会以灰色背景来显示橙色的文字。

2.2.7　伪类选择器

CSS 伪类用于向某些选择器添加特殊的效果。

语法如下：

```
selector: pseudo-class {property: value}
```

CSS 类也可与伪类搭配使用：

```
selector.class : pseudo-class {property: value}
```

最常用的伪类是锚伪类。在支持 CSS 的浏览器中，链接的不同状态都可以不同的方式显示，这些状态包括活动状态、已被访问状态、未被访问状态和鼠标悬停状态：

```
a:link {color: #FF0000}     /* 未访问的链接 */
a:visited {color: #00FF00}  /* 已访问的链接 */
a:hover {color: #FF00FF}    /* 鼠标移动到链接上 */
a:active {color: #0000FF}   /* 选定的链接 */
```

注意：在 CSS 定义中，a:hover 必须置于 a:link 和 a:visited 之后，a:active 必须置于 a:hover 之后，才是有效的。

2.3 CSS 的引用

当读到一个样式表时，浏览器会根据它来格式化 HTML 文档。插入样式表的方法有如下几种。

2.3.1 内部样式表

当单个文档需要特殊的样式时，就应该使用内部样式表。可以使用<style>标签在文档头部定义内部样式表。

【例 2-1】使用内部样式表。源文件(char2\2-1.html)的代码如下：

```
<!DOCTYPE html>
<html>
<head>
<meta charset="utf-8">
<title>第一个使用了 CSS 的 HTML 文件</title>
<style type="text/css">
<!--
h2 { color: green; font-size: 37px; font-family: 黑体 }
p { text-indent: 1cm; background: yellow; font-family: 宋体 }
-->
</style>
</head>
<body>
<h2 align="center">第一个使用了 CSS 的 HTML 文件</h2>
<hr>
<p>这是第一个使用了 CSS 的 HTML 网页文件。</p>
</body>
</html>
```

此文件在浏览器中的预览效果如图 2-1 所示。

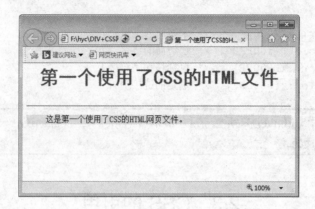

图 2-1　引用 CSS 内部样式的效果

2.3.2　外部样式表

当样式需要应用于很多页面时，外部样式表将是理想的选择。在使用外部样式表的情况下，可以通过改变一个文件来改变整个站点的外观。每个页面使用<link>标签链接到样式表。<link>标签写在文档的头部。例如：

```
<head>
<link rel="stylesheet" type="text/css" href="mystyle.css" />
</head>
```

浏览器会从文件 mystyle.css 中读到样式声明，并根据它来格式文档。

外部样式表可以在任何文本编辑器中进行编辑。文件不能包含任何 HTML 标签。样式表应该以.css 扩展名保存。下面是一个样式表文件的例子：

```
hr {color: sienna;}
p {margin-left: 20px;}
body {background-image: url("images/back40.gif");}
```

> **注意：** 不要在属性值与单位之间留有空格。假如你使用"margin-left: 20 px"而不是"margin-left: 20px"，它仅在 IE6 浏览器中有效，但是在 Mozilla Firefox 或 Netscape 浏览器中却无法正常工作。

【例 2-2】使用外部样式表。源文件(char2\2-2.html 和 mystyle.css)的代码如下：

```
<!DOCTYPE html>
<html>
<head>
<meta charset="utf-8"><title>外部样式表的使用</title>
<link rel="stylesheet" type="text/css" href="mystyle.css" />
</head>
<body>
<h2 align="center">使用了 CSS 的 HTML 文件</h2>
```

```
<hr/>
<p>这是使用了 CSS 外部样式表的 HTML 网页文件。</p>
</body>
</html>
```

此文件在浏览器中的预览效果如图 2-2 所示。

图 2-2　引用 CSS 外部样式的效果

2.3.3　内联样式表

要使用内联样式，需要在相关的标签内使用样式(Style)属性。Style 属性可以包含任何 CSS 属性。例如，使用内联样式改变段落的颜色和左外边距：

```
<p style="color: sienna; margin-left: 20px">
This is a paragraph.
</p>
```

【例 2-3】使用内联样式表。源文件(char2\2-3.html)的代码如下：

```
<!DOCTYPE html>
<html>
<head>
<meta charset="utf-8">
<title>内联样式表的使用</title>
</head>
<body>
<h2 align="center">使用了 CSS 的 HTML 文件</h2>
<p>这是使用了 CSS 内联样式表的 HTML 网页文件。</p>
<p style="color: sienna; margin-left: 20px">
这是使用了 CSS 内联样式表的 HTML 网页文件。</p>
```

```
<P>这是使用了 CSS 内联样式表的 HTML 网页文件。</p>
</body>
</html>
```

此文件在浏览器中的预览效果如图 2-3 所示。

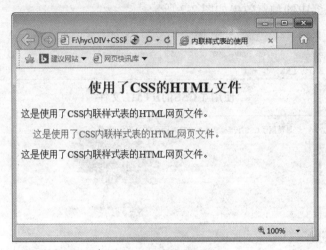

图 2-3　内联样式的使用效果

由于要将表现和内容混杂在一起，内联样式会损失掉样式表的许多优势。要慎用这种方法，一般当样式仅需要在一个元素上应用一次时使用内联样式。

2.3.4　输入样式表

输入样式表的方法同外部样式表的使用方法类似。不同之处在于外部样式表不能同其他方法结合使用，但输入样式表则可以，例如：

```
<style type="text/css">
<!-
@import url(style1.css);
h2 { color: green; font-size: 37px; font-family: 黑体 }
p { text-indent: 1cm; background: yellow; font-family: 宋体 }
-->
</style>
```

在本例中，浏览器首先输入 style1.css 样式(@import 必须打头)，然后加入移植的样式，从而为这个网页产生样式集合。

【例 2-4】使用输入样式表。源文件(char2\2-4.html 和 mystyle.css)的代码如下：

```
<!DOCTYPE html>
<html>
<head>
<meta charset="utf-8">
```

```
<title>输入样式表的使用</title>
<style type="text/css">
<!--
@import url(mystyle.css);
h2 { color: green; font-size: 37px; font-family: 黑体 }
p { text-indent: 1cm; background: yellow; font-family: 宋体 }
-->
</style>
</head>
<body>
<h2 align="center">使用了 CSS 的 HTML 文件</h2>
<p>这是使用了 CSS 输入样式表的 HTML 网页文件。</p>
<p>这是使用了 CSS 输入样式表的 HTML 网页文件。</p>
<p>这是使用了 CSS 输入样式表的 HTML 网页文件。</p>
</body>
</html>
```

此文件在浏览器中的预览效果如图 2-4 所示。

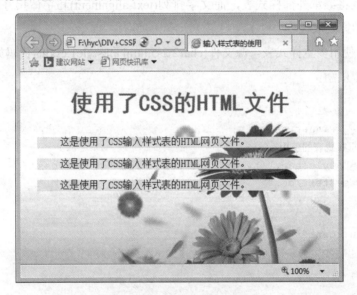

图 2-4　输入样式表的使用效果

在这个例子中，网页背景的效果和段落的左边距分别来自于 mystyle.css 文件中的 p 选择器和 body 选择器中设置的样式。

2.3.5　多重样式表

如果某些属性在不同的样式表中被同样的选择器定义，那么属性值将从更具体的样式表中被继承过来。

例如，外部样式表拥有针对 h3 选择器的 3 个属性：

```
h3 {
color: red;
text-align: left;
font-size: 8pt;
}
```

而内部样式表拥有针对 h3 选择器的两个属性：

```
h3 {
text-align: right;
font-size: 20pt;
}
```

假如拥有内部样式表的这个页面同时与外部样式表链接，那么 h3 得到的样式是：

```
color: red;
text-align: right;
font-size: 20pt;
```

即颜色属性将继承外部样式表，而文字排列(text-alignment)和字体尺寸(font-size)会被内部样式表中的规则取代。

【例 2-5】使用多重样式表。源文件(char2\2-5.html 和 style1.css)的代码如下：

```
<!DOCTYPE html>
<html>
<head>
<meta charset="utf-8">
<title>多重样式表的使用</title>
<link rel="stylesheet" type="text/css" href="style1.css" />
<style type="text/css">
<!--
h3 {
text-align: center;
font-size: 20pt;
}
-->
</style>
</head>
<body>
<h3>多重样式</h3>
<h3>多重样式</h3>
<h3>多重样式</h3>
</body>
</html>
```

此文件在浏览器中的预览效果如图 2-5 所示。

图 2-5　多重样式的使用效果

如果在网页的<head>标记中同时使用了style 标记(指定嵌入式样式)和link 标记(指定链接式样式)，并且这两个样式指定中同时应用了具有同一优先级别的样式，则 style 标记和link 标记的先后顺序将决定样式的优先级。

2.4　CSS 的继承

CSS 的继承是指被包在内部的标签将拥有外部标签的样式性质。继承特性最典型的应用通常发挥在整个网页的样式预设，即整体布局声明。而需要指定为其他样式的部分设定在个别元素里即可达到效果。这项特性可以给网页设计者提供更理想的发挥空间。但同时继承也有很多规则，应用的时候容易让人迷惑。

2.4.1　CSS 的继承关系

CSS 的一个主要特征就是继承，它是依赖于"祖先-后代"的关系的。继承是一种机制，它允许样式不仅可以应用于某个特定的元素，还可以应用于它的后代。HTML 文件的组织结构如图 2-6 所示。

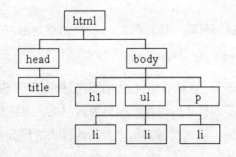

图 2-6　"祖先-后代"的关系

【例 2-6】CSS 的继承。源文件(char2\2-6.html)的代码如下：

```html
<!DOCTYPE html>
<html>
<head>
<meta charset="utf-8">
<title>CSS 继承</title>
<style type="text/css">
<!--
body {color:blue; font-size:18pt;}
-->
</style>
</head>

<body>
<p>CSS<strong>继承性</strong>，段落继承了 body 的样式属性 (颜色和字号)</p>
</body>
</html>
```

例 2-6 是一个很简单的 HTML 文档，在这个文档的 body 中定义的颜色值和字体大小也会应用到段落的文本中，如图 2-7 所示。

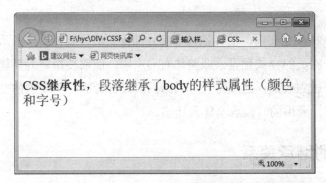

图 2-7　CSS 的继承效果

2.4.2　CSS 继承的应用

在实际工作中，我们编写代码，往往在 CSS 文档的最前部，首先定义：

```css
*{margin: 0; padding: 0; border: 0;}
```

这些代码的真正用意在于，在缺省定义的情况下，所有元素的 margin、padding、border 的值都为零。当需要应用不同样式的时候，再单独地对某元素进行定义即可。它就是整个网页的样式预设、整体布局声明。而需要指定为其他样式的部分设定在个别元素里即可达到效果。

在 CSS 中，继承是一种非常自然的行为，我们甚至不需要考虑是否能够这样去做，但是继承也有其局限性。

有些属性是不能继承的。这没有任何原因，只是因为它就是这么设置的，标准就是如此。举个例子来说： border 属性的作用是设置元素的边框，它没有继承性。如果继承了边框属性，那么文档看起来就会很奇怪。例如我们定义容器 div 的边框为 1px，而在此容器内的 ul li 在正常情况下我们都不希望它有边框，如果 border 有继承性，我们就要再去掉它们的边框。这样显然是不合理的。

多数边框类的属性，如 border(边框)、padding(补白)、margin(边界)、背景等，都是没有继承性的。

在某些时候，继承也会带来一些错误，比如下面这条 CSS 定义：

```
body {color:blue}
```

这是定义了 body 中的文本颜色为蓝色。如果 body 中含有表格，在有些浏览器中这句定义会使除表格之外的文本变成蓝色，而表格内部的文本颜色并不是蓝色。从技术上来说，这是不正确的，但是它确实存在。

所以我们经常需要借助于某些技巧，比如将 CSS 定义成这样：

```
body,table,th,td {color:blue}
```

这样表格内的文字也会变成蓝色了。

2.5 CSS3 简介

CSS3 是 CSS 技术的升级版本，CSS3 语言开发是朝着模块化发展的。以前的规范作为一个模块实在是太庞大而且比较复杂，所以，把它分解为一些小的模块，更多新的模块也被加入进来。这些模块包括：盒子模型、列表模块、超链接方式、语言模块、背景和边框、文字特效、多栏布局等。

2.5.1 CSS3 的边框

CSS3 的边框有更大的灵活性，可以创建圆角边框、阴影边框、图像边框，还可以控制边框颜色，产生渐变效果。新增的边框属性如下。

(1) border-radius：圆角属性。可以给任何元素制作"圆角"。border-radius 属性中只指定一个值，那么将生成 4 个圆角。

如果要在四个角上一一指定，可以使用以下规则。

四个值：第一个值为左上角，第二个值为右上角，第三个值为右下角，第四个值为左下角。

三个值：第一个值为左上角，第二个值为右上角和左下角，第三个值为右下角。

两个值：第一个值为左上角与右下角，第二个值为右上角与左下角。

一个值：四个圆角值相同。

(2) box-shadow：用来添加阴影的属性。

(3) border-image：使用图像创建一个边框的属性。

【例 2-7】创建圆角边框和阴影边框。源文件(char2\2-7.html)的代码如下：

```
<!DOCTYPE html>
<html>
<head>
<meta charset="utf-8">
<title>CSS3 边框</title>
<style>
.div1{
    border:2px solid #999;
    padding:10px 40px;
    margin:10px;
    background:#ddd;
    width:300px;
    height:50px;
    border-radius:25px;
    }
    .div2{
    border:2px solid #999;
    padding:10px 40px;
    margin:10px;
    background:#ddd;
    width:300px;
    height:50px;
    box-shadow: 10px 10px 5px #999;
    }
</style>
</head>
<body>
<div class="div1">border-radius 属性设置圆角边框！ </div>
<div class="div2">box-shadow 属性设置带阴影边框！ </div>
</body>
</html>
```

该例题设置了一个圆角边框和阴影边框，如图 2-8 所示。

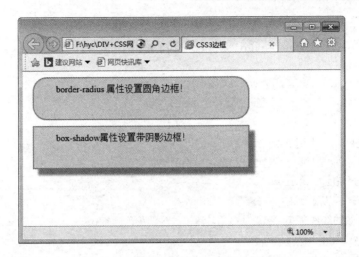

图 2-8　CSS3 边框效果

2.5.2　CSS3 的渐变

CSS3 的渐变(gradient)可以在两个或多个指定的颜色之间显示平稳的过渡。以前，必须使用图像来实现这些效果。现在，通过使用 CSS3 实现渐变。这样可以减少下载的时间和宽带的使用。此外，渐变效果的元素在放大时看起来效果更好，因为渐变是由浏览器生成的。

CSS3 定义了两种类型的渐变。

线性渐变(Linear Gradient)：向下/向上/向左/向右/对角方向。

径向渐变(Radial Gradient)：由它们的中心定义。

【例 2-8】创建 CSS3 线性渐变效果。源文件(char2\2-8.html)的代码如下：

```
<!DOCTYPE html>
<html>
<head>
<meta charset="utf-8">
<title>CSS3 线性渐变效果</title>
<style>
p{  font-size: 12px;
}
#grad1 {
    height: 100px;
    background: linear-gradient(white, gray);
}
#grad2 {
    height: 100px;
    background: linear-gradient(to right, white, gray);
}
#grad3 {
```

```
        height: 100px;
        background: linear-gradient(to bottom right, white, gray);
}
</style>
</head>
<body>
<h3>线性渐变 – 从上到下</h3>
<p>从顶部开始的线性渐变。起点是白色，慢慢过渡到灰色：</p>
<div id="grad1"></div>
<h3>线性渐变 – 从左到右</h3>
<p>从左边开始的线性渐变。起点是白色，慢慢过渡到灰色：</p>
<div id="grad2"></div>
<h3>线性渐变 – 对角</h3>
<p>从左上角开始(到右下角)的线性渐变。起点是白色，慢慢过渡到灰色：</p>
<div id="grad3"></div>
</body>
</html>
```

该例题设置了三个线性渐变，如图 2-9 所示。

图 2-9　CSS3 线性渐变效果

【例 2-9】创建 CSS3 径向渐变效果。源文件(char2\2-9.html)的代码如下：

```
<!DOCTYPE html>
<html>
<head>
<meta charset="utf-8">
<title>径向渐变</title>
<style>
p{  font-size: 8pt;
}
#grad {
    height: 100px;
    background: radial-gradient(red, green, blue);
}
</style>
</head>
<body>
<h5>径向渐变 – 颜色结点均匀分布</h5>
<div id="grad"></div>
<p><strong>注意：</strong> Internet Explorer 9 及之前的版本不支持渐变。</p>
</body>
</html>
```

该例题设置了一个径向渐变，如图 2-10 所示。

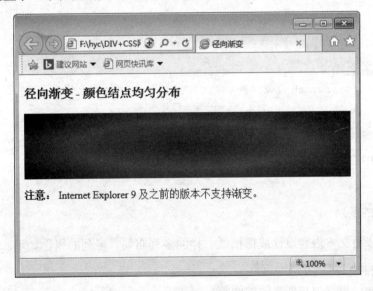

图 2-10　CSS3 径向渐变的效果

2.5.3　CSS3 的其他常用属性

1. CSS3 的文本效果

CSS3 中包含几个新的文本特征。主要文本属性如下。

text-shadow：设置文本阴影。

box-shadow：设置框阴影。

text-overflow：设置溢出内容的显示。值为 ellipsis 裁剪加"…"，值为 clip 直接裁剪。

word-wrap：设置换行方式。

word-break：设置单词拆分换行。

2. CSS3 的 2D 转换

CSS3 可以设置移动、比例化、翻转、旋转和拉伸元素。2D 变换常用的方法如下。

translate()：根据左(X 轴)和顶部(Y 轴)位置给定的参数，从当前元素位置移动。

rotate()：在一个给定度数顺时针旋转的元素。负值是元素逆时针旋转。

scale()：用于增加或减少元素的大小，取决于宽度(X 轴)和高度(Y 轴)的参数。

3. CSS3 的过渡

CSS3 中，可以添加某种效果从一种样式转变到另一个样式，无须使用 Flash 动画或 JavaScript。过渡效果的常用属性为 transition。例如，下面的代码设置了鼠标停留在元素上时，元素宽度在 2s 内从 100px 变为 300px。

```
div
{
    width:100px;
    height:100px;
    background:red;
    transition:width 2s;
}
div:hover
{
    width:300px;
}
```

4. CSS3 的多列

CSS3 可以将文本内容设计成像报纸一样的多列布局。多列的属性如下。

column-count：设置分割的列数。

column-gap：设置列与列之间的间隙。

column-rule-style：设置列与列之间的边框样式。

column-rule-color：设置两列的边框颜色。

习 题 2

1. 选择题

(1) 层叠样式表文件的扩展名为(　　)。

    A. htm　　　　　B. lib　　　　　C. css　　　　　D. dwt

(2) CSS 的全称是(　　)。

    A. Cascading Sheet Style　　　　　　B. Cascading System Sheet

    C. Cascading Style System　　　　　D. Cascading Style Sheet

(3) 使用 CSS 设置格式时，h1 b{color:blue}表示(　　)。

    A. h1 标记内的 b 元素为蓝色　　　　B. h1 标记内的元素为蓝色

    C. b 标记内的 h1 元素为蓝色　　　　D. b 标记内的元素为蓝色

(4) 如果某样式名称前有一个 "."，则这个 "." 表示(　　)。

    A. 此样式是一个类样式

    B. 此样式是一个序列样式

    C. 在一个 HTML 文件中，只能被调用一次

    D. 在一个 HTML 元素中只能被调用两次

(5) 用 CSS 样式表设置鼠标悬停在超链接上的状态，应该定义选择器为(　　)。

    A. a:link　　　　B. a:hover　　　　C. a:active　　　　D. a:visited

(6) 下列哪一项是 CSS 正确的语法构成？(　　)

    A. body:color=black　　　　　　B. {body;color:black}

    C. body {color: black;}　　　　　D. {body:color=black(body)}

(7) 在 CSS 中不属于添加在当前页面的形式是(　　)。

    A. 内联式样式表　　　　　　　B. 嵌入式样式表

    C. 层叠式样式表　　　　　　　D. 链接式样式表

(8) 为 div 设置类 a 与 b，应编写 HTML 代码(　　)。

    A. div.a,b {}　　　　　　　　B. div.a,div.b{}

    C. div a,b{}　　　　　　　　D. div:a,div:b{}

2. 思考与回答

(1) CSS 的主要特点有哪些？

(2) CSS 选择器有哪几种？各有什么特点？

(3) HTML 文档中引用 CSS 样式的方法有哪些？

上机实验 2

1. 实验目的

熟悉并掌握 CSS 的基本概念;掌握 CSS 选择器的类别和使用;掌握 CSS 在 HTML 文档中的应用方法。其中应重点掌握 CSS 选择器的使用。

2. 实验内容

(1) 在记事本中调试书上的各个实例。

(2) 将 h1～h6 标题文字"CSS 样式的使用方法"设置成蓝色,CSS 选择器分别用标记选择器、id 选择器和类选择器,CSS 引用分别用内部样式表、外部样式表和内联样式表来实现。效果如图 2-11 所示。

(3) 要求编写的代码符合 HTML5 格式要求。

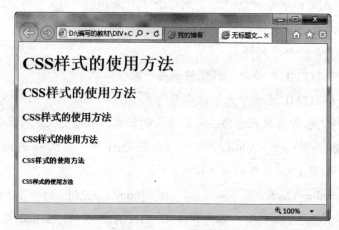

图 2-11　CSS 样式效果

第 3 章 用 CSS 设置文字与背景

本章要点

- 用 CSS 设置文字样式
- CSS 段落样式和列表样式
- CSS 颜色和背景样式
- 文字与背景的综合实例

CSS 文本属性可定义文本的外观。通过文本属性，可以改变文本的颜色、字符间距，可以对齐文本、装饰文本、对文本进行缩进等。

3.1 CSS 的文字与段落样式

3.1.1 CSS 的文字样式

1. 字体

设置字体的语法格式如下：

```
font-family: 字体 1, 字体 2, 字体 3, ...
```

说明：这个属性是一个按照优先顺序列出的字体名称，它的表述方法与大多数的 CSS 属性有些不同，它的值是用逗号分隔的，用来指定可替换的字体。例如：

```
body {font-family:gill,helvetica,sans-serif}
```

上面这行代码执行时，如果浏览器没有找到 gill 字体，那么将使用 helvetica 字体或者 sans-serif 字体来替代。

2. 字号

设置字号的语法格式如下：

```
font-size: <absolute-size> | <relative-size>
```

说明：<absolute-size>关键字指的是字体尺寸的绝对值，推荐单位为点数(pt)。点数是计算机字体的标准单位，这一单位的好处是设定的字号会随着显示器分辨率的变化而调整大小，这样可以防止不同分辨率显示器中字体大小不一致。如果使用点数作为单位，推荐正文文字大小为 9pt。各单位的含义如表 3-1 所示。

表 3-1　绝对单位的含义

绝对单位	说　明
in	inch，英寸
cm	centimeter，厘米
mm	millimeter，毫米
pt	point，印刷点数，在一般的显示器中 1pt 相当于 1/72 英寸
pc	pica，1pc=12pt

【例 3-1】设置文字大小(绝对方式)。源文件(char3\3-1.html)的代码如下：

```
<!DOCTYPE html>
<html>
<head>
<meta charset="utf-8">
<title>文字大小示例</title>
<style type="text/css">
<!--
p.inch {font-size:0.4in;}
p.cm {font-size:0.3cm;}
p.mm {font-size:3mm;}
p.pt {font-size:12pt;}
p.pc {font-size:1pc;}
-->
</style>
</head>
<body>
<p class="inch">文字大小，0.4in。</p>
<p class="cm">文字大小，0.3cm。</p>
<P class="mm">文字大小，3mm。</p>
<P class="pt">文字大小，12pt。</p>
<P class="pc">文字大小，1pc。</p>
</body>
</html>
```

此文件在 IE 浏览器中的预览效果如图 3-1 所示。

<relative-size>关键字指的是相对于上级元素字体尺寸的大小值，关键字一共有 7 个，分别是 xx-small、x-small、small、medium、large、x-large、xx-large，默认值是 medium。相对文字大小不像前面提到的绝对大小那样固定。使用相对文字大小，在不同浏览器中的显示效果可能不一样，因此不推荐使用。

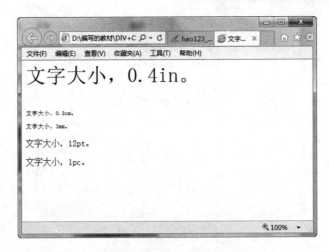

图 3-1　字体的绝对大小

【例 3-2】设置文字大小(含相对方式)。源文件(char3\3-2.html)的代码如下：

```
<!DOCTYPE html>
<html>
<head>
<meta charset="utf-8">
<title>文字大小示例</title>
<style type="text/css">
<!--
p.one {font-size:15px;}
p.one span {font-size:200%;}
p.two {font-size:30px;}
p.two span {font-size:0.5em;}
-->
</style>
</head>
<body>
<p class="one">文字大小<span>相对值变大</span>，15px。</p>
<p class="two">文字大小<span>相对值变小</span>，30px </p>
</body>
</html>
```

此文件在 IE 浏览器中的预览效果如图 3-2 所示。

3. 字体样式

设置字体样式的语法格式如下：

```
font-style: normal|italic|oblique
```

说明：normal 表示正常字体，italic 表示斜体，oblique 表示偏斜体(有时本身并不是斜体，而是被系统自动变斜的普通字形)。

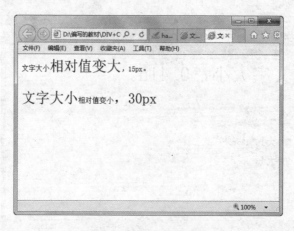

图 3-2   字体的相对大小

【**例 3-3**】设置字体样式。源文件(char3\3-3.html)的代码如下：

```
<!DOCTYPE html>
<html>
<head>
<meta charset="utf-8">
<title>字体样式</title>
<style type="text/css">
<!--
h2 { font-style:italic; }
p { font-style:italic; }
p.style1 { font-style:oblique; }
-->
</style>
</head>
<body>
<h2>文字斜体</h2>
<p>文字斜体</p>
<p class="style1">文字偏斜体</p>
</body>
</html>
```

此文件在 IE 浏览器中的预览效果如图 3-3 所示。

4. 字体粗细

设置字体粗细的语法格式如下：

```
font-weight:
normal|bold|bolder|lighter|100|200|300|400|500|600|700|800|900
```

说明：font-weight 定义了字体的粗细值。这些值从 100 排到 900，每一个数字所表示的字体都要比它前一个粗一些。在这些值中，normal 相当于 400，bold 相当于 700，bolder 相当于 900。

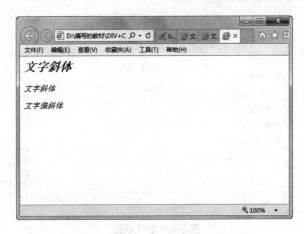

图 3-3　文字斜体

【例 3-4】设置字体粗细。源文件(char3\3-4.html)的代码如下:

```
<!DOCTYPE html>
<html>
<head>
<meta charset="utf-8">
<title>字体粗细</title>
<style type="text/css">
<!--
  .style1{font-weight:100;}
  .style3{font-weight:300;}
  .style5{font-weight:500;}
  .style7{font-weight:700;}
  .style9{font-weight:900;}
  .style10{font-weight:bold;}
  .style11{font-weight:normal;}
-->
</style>
</head>
<body>
<p class="style1">字体粗细:100</p>
<p class="style3">字体粗细:300</p>
<p class="style5">字体粗细:500</p>
<p class="style7">字体粗细:700</p>
<p class="style9">字体粗细:900</p>
<p class="style10">字体粗细:bold</p>
<p class="style11">字体粗细:normal</p>
</body>
</html>
```

此文件在 IE 浏览器中的预览效果如图 3-4 所示。

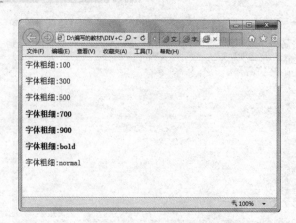

图 3-4　字体粗细

5. 字体大小写

设置字体大小写的语法格式如下:

```
font-variant: normal|small-caps
```

说明: font-variant 属性决定了字符是以普通还是以小体大写(small-caps)显示。所谓小体大写, 就是字体中的所有小写字母看上去与大写字母一样, 只不过尺寸比标准的大写要小一点。如果指定的小体大写不存在, 那么就用普通字体, 并且用大写字母代替其中所有的小写字母。

6. 文字修饰

设置文字修饰的语法格式如下:

```
text-decoration: underline|overline|line-through|blink|none
```

说明: underline 表示下画线; overline 表示上划线; line-through 表示删除线; blink 表示闪烁文字(只有 Netscape 浏览器支持); none 表示默认值(去掉超链接下划线用此值)。

【例 3-5】设置文字修饰。源文件(char3\3-5.html)的代码如下:

```
<!DOCTYPE html>
<html>
<head>
<meta charset="utf-8">
<style type="text/css">
    .style1:{text-decoration: overline}
    .style2:{text-decoration: line-through}
    .style3:{text-decoration: underline}
    .style4:{text-decoration:blink}   /*IE 浏览器不支持*/
    a:{text-decoration: none}
</style>
</head>
<body>
```

高职高专立体化教材　计算机系列

```
<p class="style1">这是顶划线文字</p>
<p class="style2">这是删除线文字</p>
<p class="style3">这是下划线文字</p>
<p class="style4">文字闪烁</p>
<p><a href="#">这是一个无下划线的链接</a></p>
</body>
</html>
```

此文件在 IE 浏览器中的预览效果如图 3-5 所示。

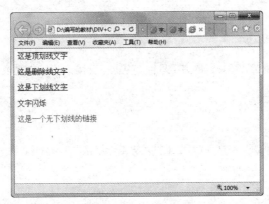

图 3-5　文字下划线、顶划线和删除线

7. 英文大小写转换

设置英文大小写转换的语法格式如下：

```
text-transform: captalize|uppercase|lowercase|none
```

说明：captalize 表示首字母大写；uppercase 表示大写；lowercase 表示小写；none 表示默认值。

3.1.2　CSS 的段落文字

1. 段落的水平对齐方式

设置段落水平对齐方式的语法格式如下。

```
text-align: left|right|center|justify
```

说明：left 表示左对齐；right 表示右对齐；center 表示居中对齐；justify 表示两端对齐。

【例 3-6】段落的水平对齐方式。源文件(char3\3-6.html)的代码如下：

```
<!DOCTYPE html>
<html>
<head>
<meta charset="utf-8">
<title>水平对齐</title>
```

```
<style>
 <!--
 p{ font-size:12px; }
 p.left{ text-align:left; }              /* 左对齐 */
 p.right{ text-align:right; }         /* 右对齐 */
 p.center{ text-align:center; }          /* 居中对齐 */
 p.justify{ text-align:justify; }  /* 两端对齐 */
 -->
</style>
</head>
<body>
<p class="left">
段落左对齐方式。<br>
白日依山尽，黄河入海流。<br> 欲穷千里目，更上一层楼。<br>王之涣
</p>

<p class="right">
段落右对齐方式。<br>
白日依山尽，黄河入海流。<br>欲穷千里目，更上一层楼。<br>王之涣
</p>

<p class="center">
段落居中对齐方式。<br>
白日依山尽，黄河入海流。<br>欲穷千里目，更上一层楼。<br>王之涣
</p>

<p class="justify">
段落两端对齐方式。</br>
白日依山尽，黄河入海流。<br>欲穷千里目，更上一层楼。<br>王之涣
</p>
</body>
</html>
```

此文件在 IE 浏览器中的预览效果如图 3-6 所示。

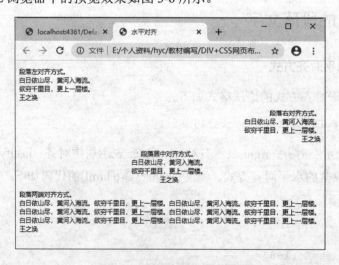

图 3-6 段落的水平对齐方式

2. 字符间距

设置字符间距的语法格式如下：

```
letter-spacing: normal|<length>
```

说明：字符间距用来设置字符或英文字母间距。

3. 单词间距

设置单词间距的语法格式如下：

```
word-spacing: normal|<length>
```

说明：单词间距用来设置英文单词之间的距离。使用正值为增加单词的间距，使用负值为减小单词的间距。

【例 3-7】设置字符间距与单词间距，其效果如图 3-7 所示。

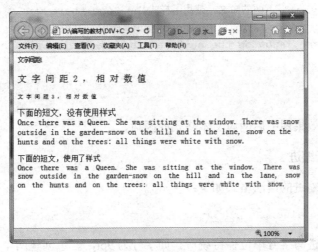

图 3-7　文字间距与单词间距

源文件(char3\3-7.html)的代码如下：

```
<!DOCTYPE html>
<html>
<head>
<meta charset="utf-8">
<title>字间距</title>
<style>
  <!--
  p.style1{
      font-size:10pt;
      letter-spacing:-2pt;  /* 字间距，绝对数值 */
  }
  p.style2{ font-size:18px; }
  p.style3{ font-size:11px; }
```

```
p.style2, p.style3{
    letter-spacing: 0.5em;      /* 字间距，相对数值 */
}
p.style4{font-size:11pt;
word-spacing:4pt;      /* 单词间距，绝对数值 */
text-align:justify;}
-->
</style>
</head>
<body>
<p class="style1">文字间距 1</p>
<p class="style2">文字间距 2，相对数值</p>
<p class="style3">文字间距 3，相对数值</p>
<p>下面的短文，没有使用样式<br>Once there was a Queen. She was sitting at the
window. There was snow outside in the garden-snow on the hill and in the lane,
snow on the hunts and on the trees: all things were white with snow.</p>
<p class="style4">下面的短文，使用了样式<br>Once there was a Queen. She was
sitting at the window. There was snow outside in the garden-snow on the hill
and in the lane, snow on the hunts and on the trees: all things were white
with snow.</p>
</body>
</html>
```

读者注意观察效果图中后两段文本格式的区别。

4. 文字的首行缩进

设置文字首行缩进的语法格式如下：

```
text-indent: value
```

说明：文字缩进与字号单位保持统一。如字号为9pt，若想创建两个中文缩进的效果，文字缩进就应该为18pt，也可以设为2em。

5. 行高

设置行高的语法格式如下：

```
line-height: value
```

说明：行高值可以是绝对像素值，也可用百分比来表示。当值为数字时，行高由字体大小的量与该数字相加所得，百分比的值相对于字体的大小而定。

【例3-8】使用百分比值来设置段落中的行间距。源文件(char3\3-8.html)的代码如下：

```
<!DOCTYPE html>
<html>
<head>
<meta charset="utf-8">
<style type="text/css">
```

```
<!--
    p:{text-indent:18pt;font-size:9pt;}
    p.small:{line-height: 90%}
    p.big:{line-height: 200%}
-->
</style>
</head>
<body>
<p>这是拥有标准行高的段落。在大多数浏览器中默认行高大约是 110% 到 120%。这是拥有标准
行高的段落。这是拥有标准行高的段落。这是拥有标准行高的段落。</p>
<p class="small">这个段落拥有更小的行高。这个段落拥有更小的行高。这个段落拥有更小的
行高。这个段落拥有更小的行高。这个段落拥有更小的行高。</p>
<p class="big">这个段落拥有更大的行高。这个段落拥有更大的行高。这个段落拥有更大的行
高。这个段落拥有更大的行高。这个段落拥有更大的行高。</p>
</body>
</html>
```

此文件在 IE 浏览器中的预览效果如图 3-8 所示。

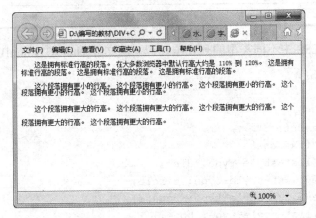

图 3-8　首行缩进与行间距

3.1.3　CSS 的列表

从某种意义上讲，不是描述性文本的任何内容都可以认为是列表。人口普查、太阳系
的组成、家谱、餐馆菜单，甚至我们所有朋友的概况都可以表示为一个列表或者是列表的
列表。

1. 列表类型

要影响列表的样式，最简单(同时支持最充分)的办法就是改变其标志类型。

例如，在一个无序列表中，列表项的标志(marker)是出现在各列表项旁边的圆点。在有
序列表中，标志可能是字母、数字或另外某种计数体系中的一个符号。

要修改用于列表项的标志类型，可以使用 list-style-type 属性。此属性可用于设置列表

的符号或编号，通常搭配<ol><ul>标签一起使用：

```
list-style-type: value
```

说明：对于 type 属性，可以设置多种符号类型，如表 3-2 所示。

表 3-2　列表符号类型属性值

属 性 值	描　　述
disc	默认值，实心圆
circle	空心圆
square	实心方块
decimal	阿拉伯数字
lower-roman	小写罗马数字
upper-roman	大写罗马数字
lower-alpha	小写英文字母
upper-alpha	大写英文字母
none	不使用项目符号

【例 3-9】在 CSS 中不同类型的列表项标记。源文件(char3\3-9.html)的代码如下：

```
<!DOCTYPE html>
<html>
<head>
<meta charset="utf-8">
<style type="text/css">
    ul.disc {list-style-type: disc}
    ul.circle {list-style-type: circle}
    ul.square {list-style-type: square}
    ul.none {list-style-type: none;}
</style>
</head><body>
<ul class="disc">
<li>咖啡</li>
<li>茶</li>
<li>可口可乐</li>
</ul>
<ul class="circle">
<li>咖啡</li>
<li>茶</li>
<li>可口可乐</li>
</ul>
<ul class="square">
<li>咖啡</li>
<li>茶</li>
<li>可口可乐</li>
```

```
</ul>
<ul class="none">
<li>咖啡</li>
<li>茶</li>
<li>可口可乐</li>
</ul>
</body>
</html>
```

此文件在 IE 浏览器中的预览效果如图 3-9 所示。

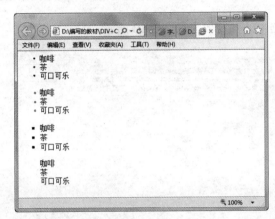

图 3-9 无序列表类型

2. 列表项图像

如果要把列表的标志改成一个图像，可以利用 list-style-image 属性：

```
ul li {list-style-image: url(*.gif)}
```

说明：这个属性指定作为一个有序或无序列表项标志的图像。图像相对于列表项内容的放置位置通常使用 list-style-position 属性控制。例如：

```
ul {
list-style-image:url("images/arrow.gif");
list-style-type:square;
}
```

【例 3-10】用图像作为列表项标记。源文件(char3\3-10.html)的代码如下：

```
<!DOCTYPE html>
<html>
<head>
<meta charset="utf-8">
<style type="text/css">
  ul{
    list-style-image: url("images/arrow.gif");
  }
```

```
</style>
</head><body>
喜爱的饮料有:
<ul
<li>咖啡</li>
<li>茶</li>
<li>可口可乐</li>
</ul>
</body>
</html>
```

此文件在 IE 浏览器中的预览效果如图 3-10 所示。

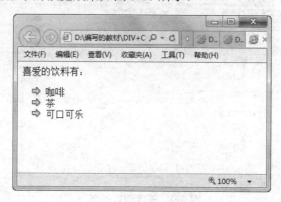

图 3-10　列表项图像

3. 列表标志位置

CSS 可以确定标志出现在列表项内容之外还是内容内部。这是利用 list-style-position 属性完成的。例如 list-style-position 属性设置在何处放置列表项标记。

> 说明:该属性用于声明列表标志相对于列表项内容的位置。外部(outside)标志会放在离列表项边框边界一定距离处,不过该距离在 CSS 中未定义。内部(inside)标志处理为好像它们是插入在列表项内容最前面的行内元素一样。

【例 3-11】列表标志的位置。在本例中把 list-style-position 属性值设为 inside,网页效果如图 3-11 所示,注意与上例的区别。源文件(char3\3-11.html)的代码如下:

```
<!DOCTYPE html>
<html>
<head>
<meta charset="utf-8">
<style type="text/css">
  ul{
    list-style-image: url("images/arrow.gif");
    list-style-position:inside;
  }
```

```
</style>
</head><body>
喜爱的饮料有：
<ul>
<li>咖啡</li>
<li>茶</li>
<li>可口可乐</li>
</ul>
</body>
</html>
```

此文件在 IE 浏览器中的预览效果如图 3-11 所示。

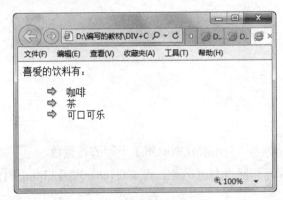

图 3-11   列表标志的位置

4. 简写列表样式

为简单起见，可以将以上 3 个列表样式属性合并为一个方便的属性 list-style，就像下面这样：

```
li {list-style: url(example.gif) square inside}
```

list-style 的值可以按任何顺序列出，而且这些值都可以忽略。只要提供了一个值，其他的就会填入其默认值。

3.2   CSS 的颜色与背景样式

3.2.1   设置颜色

CSS 中的 color 属性用于指定元素的前景色。例如，假设你要让页面中的所有标题(headline)都显示为深红色，而这些标题采用的都是 h1 元素，那么可以用下面的代码来实现把 h1 元素的前景色设为红色：

```
h1 {
color: #ff0000;
}
```

颜色值可以用十六进制表示(比如上例中的#ff0000)，也可以用颜色名称(比如"red")或 RGB 值(比如 rgb(255,0,0))表示。

CSS 中的 background-color 属性用于指定元素的背景色。

因为 body 元素包含了 HTML 文档的所有内容，所以，如果要改变整个页面的背景色，那么为 body 元素应用 background-color 属性就可以了。

也可以为其他包含标题或文本的元素单独应用背景色。例如：

```
body {
background-color: #FFCC66;
}
h1 {
color: #990000;
background-color: #FC9804;
}
```

该例中，我们为 body 和 h1 元素分别应用了不同的背景色。

【例 3-12】设置标题和网页背景颜色。源文件(char3\3-12.html)的代码如下：

```
<!DOCTYPE html>
<html>
<head>
<meta charset="utf-8">
<title>背景颜色</title>
<style>
<!--
body {
background-color:#5b8ac0;          /* 设置页面背景颜色 */
margin:0px;
padding:0px;
color:#c4f762;                     /* 设置页面文字颜色 */
}
p {
font-size:15px;                    /* 正文文字大小 */
padding-left:10px;
padding-top:8px;
line-height:120%;                  /*设置 1.2 倍行高*/
text-indent:2em;                   /*首行缩进 2 个字符*/
text-align:justify;
}
h3 {
color: #990000;
background-color: #FC9804;
```

```
text-align:center;
}
-->
</style>
</head>
<body>
<h3>雅 舍</h3>
<div align="center">梁实秋</div>
<p>到四川来，觉得此地人建造房屋最是经济。火烧过的砖，常常用来做柱子，孤零零的砌起四根砖
柱，上面盖上一个木头架子，看上去瘦骨嶙峋，单薄得可怜；但是顶上铺了瓦，四面编了竹篾墙，
墙上敷了泥灰，远远的看过去，没有人能说不像是座房子。我现在住的"雅舍"正是这样一座典型
的房子。不消说，这房子有砖柱有竹篾墙，一切特点都应有尽有。讲到住房，我的经验不算少，什
么"上支下摘"，"前廊后厦"，"一楼一底"，"三上三下"，"亭子间"，"茅草棚"，"琼
楼玉宇"和"摩天大厦"，各式各样，我都尝试过。我不论住在哪里，只要住得稍久，对那房子便
发生感情，非不得已我还舍不得搬。这"雅舍"，我初来时仅求其能蔽风雨；并不敢存奢望。现在
住了两个多月，我的好感油然而生，虽然我已渐渐感觉它并不能蔽风雨；因为有窗而无玻璃，风来
则洞若凉亭；有瓦而空隙不少，雨来则渗如滴漏。纵然不能蔽风雨，"雅舍"还是自有它的个性。
有个性就可爱。</p>
<p>"雅舍"的位置在半山腰，下距马路约有七八十层的土阶。前面是阡陌螺旋的稻田。再远望过去
是几抹葱翠的远山，旁边有高粱地，有竹林，有水池，有粪坑，后面是荒僻的榛莽未除的土山坡。
若说地点荒凉，则月明之夕，或风雨之日，亦常有客到，大抵好友不嫌路远，路远乃见情谊。客来
则先爬几十级的土阶，进得屋来，仍须上坡，因为屋内地板乃依山势而铺，一面高，一面低，坡度
甚大，客来无不惊叹，我则久而安之，每日由书房走到饭厅是上坡，饭后鼓腹而出是下坡，亦不觉
有大不便处。</p>
</body>
</html>
```

此文件在 IE 浏览器中的预览效果如图 3-12 所示。

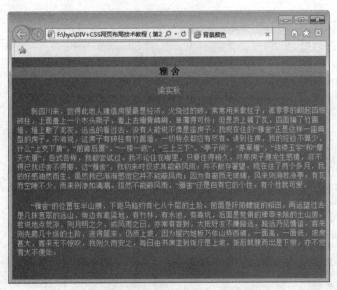

图 3-12　设置标题和网页背景颜色

3.2.2 设置背景图像

CSS 中的 background-image 属性用于设置背景图像。利用该属性可以设置网页的背景，也可以设置表格、段落的背景。

如果要把某个图片作为网页的背景图像，只要在 body 元素上应用 background-image 属性，然后给出该图片的存放位置就行了。例如：

```
body {
background-color: #FFCC66;
background-image: url("butterfly.gif");
}
```

该例中，我们把 butterfly.gif 文件设置为网页的背景图像。

【例 3-13】设置网页背景图像。源文件(char3\3-13.html)的代码如下：

```
<!DOCTYPE html>
<html>
<head>
<meta charset="utf-8">
<title>背景图像</title>
<style>
<!--
body {
background-color: #FFCC66;
background-image: url("images\butterfly.gif");
}
p {
font-size:15px;                 /* 正文文字大小 */
padding-left:10px;
padding-top:8px;
line-height:120%;               /*设置 1.2 倍行高*/
text-indent:2em;                  /*首行缩进 2 个字符*/
text-align:justify;
}
h3 {
color: #990000;
background-color: #FC9804;
text-align:center;
}
.center{text-align:center;}
-->
</style>
</head>
<body>
<h3>雅 舍</h3>
```

```
<div align="center">梁实秋  </div>
<p>到四川来，觉得此地人建造房屋最是经济。火烧过的砖，常常用来做柱子，孤零零的砌起四根砖
柱，上面盖上一个木头架子，看上去瘦骨嶙峋，单薄得可怜；但是顶上铺了瓦，四面编了竹篾墙，
墙上敷了泥灰，远远的看过去，没有人能说不像是座房子。我现在住的"雅舍"正是这样一座典型
的房子。不消说，这房子有砖柱有竹篾墙，一切特点都应有尽有。讲到住房，我的经验不算少，什
么"上支下摘"，"前廊后厦"，"一楼一底"，"三上三下"，"亭子间"，"茅草棚"，"琼
楼玉宇"和"摩天大厦"，各式各样，我都尝试过。我不论住在哪里，只要住得稍久，对那房子便
发生感情，非不得已我还舍不得搬。这"雅舍"，我初来时仅求其能蔽风雨；并不敢存奢望。现在
住了两个多月，我的好感油然而生，虽然我已渐渐感觉它并不能蔽风雨；因为有窗而无玻璃，风来
则洞若凉亭；有瓦而空隙不少，雨来则渗如滴漏。纵然不能蔽风雨，"雅舍"还是自有它的个性。
有个性就可爱。</p>
<p>"雅舍"的位置在半山腰，下距马路约有七八十层的土阶。前面是阡陌螺旋的稻田。再远望过去
是几抹葱翠的远山，旁边有高粱地，有竹林，有水池，有粪坑，后面是荒僻的榛莽未除的土山坡。
若说地点荒凉，则月明之夕，或风雨之日，亦常有客到，大抵好友不嫌路远，路远乃见情谊。客来
则先爬几十级的土阶，进得屋来，仍须上坡，因为屋内地板乃依山势而铺，一面高，一面低，坡度
甚大，客来无不惊叹，我则久而安之，每日由书房走到饭厅是上坡，饭后鼓腹而出是下坡，亦不觉
有大不便处。</p>
</body>
</html>
```

此文件在 IE 浏览器中的预览效果如图 3-13 所示。

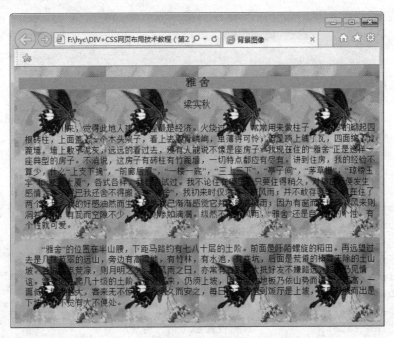

图 3-13　背景图片

3.2.3　背景图像的重复方式

CSS 中的 background-repeat 属性用于设置背景图像的重复方式。background-repeat 的 4

种不同取值如下。

- repeat：表示背景图像平铺，默认值为 repeat。
- repeat-x：表示背景图像只在 x 方向平铺。
- repeat-y：表示背景图像只在 y 方向平铺。
- no-repeat：表示背景图像不重复，以原始大小显示。

例如，若要定义一个名为 bg 的类，用于设置元素的背景图形 images/bg.gif，背景图形不重复，则定义的方法为：

```
.bg {
background-image:url(images/bg.gif);
background-repeat: no-repeat;
}
```

若要为某段落文本应用该属性，则使用的方法为：

```
<p class=bg>文本</p>
```

【例 3-14】设置段落背景，背景图像的重复方式为不重复。源文件(char3\3-14.html)的代码如下：

```
<!DOCTYPE html>
<html>
<head>
<meta charset="utf-8">
<title>段落背景</title>
<style>
<!--
body {
background-color: #FFCC66;
}
.bg {
background-image:url(images/butterfly.gif);
background-repeat: no-repeat;
}
p {
font-size:15px;            /* 正文文字大小 */
padding-left:10px;
padding-top:8px;
line-height:120%;              /* 设置1.2 倍行高 */
text-indent:2em;         /* 首行缩进 2 个字符 */
text-align:justify;
}
h3 {
color: #990000;
background-color: #FC9804;
text-align:center;
```

```
}
.center { text-align:center; }
-->
</style>
</head>
<body>
<h3>雅 舍</h3>
<div align="center">梁实秋    </div>
<p class="bg">到四川来，觉得此地人建造房屋最是经济。火烧过的砖，常常用来做柱子，孤零
零的砌起四根砖柱，上面盖上一个木头架子，看上去瘦骨嶙峋，单薄得可怜；但是顶上铺了瓦，四
面编了竹篾墙，墙上敷了泥灰，远远的看过去，没有人能说不像是座房子。我现在住的"雅舍"正
是这样一座典型的房子。不消说，这房子有砖柱有竹篾墙，一切特点都应有尽有。讲到住房，我的
经验不算少，什么"上支下摘"，"前廊后厦"，"一楼一底"，"三上三下"，"亭子间"，"茅
草棚"，"琼楼玉宇"和"摩天大厦"，各式各样，我都尝试过。我不论住在哪里，只要住得稍久，
对那房子便发生感情，非不得已我舍不得搬。这"雅舍"，我初来时仅求其能蔽风雨；并不敢存
奢望。现在住了两个多月，我的好感油然而生，虽然我已渐渐感觉它并不能蔽风雨；因为有窗而无
玻璃，风来则洞若凉亭；有瓦而空隙不少，雨来则渗如滴漏。纵然不能蔽风雨，"雅舍"还是自有
它的个性。有个性就可爱。</p>
<p>"雅舍"的位置在半山腰，下距马路约有七八十层的土阶。前面是阡陌螺旋的稻田。再远望过去
是几抹葱翠的远山，旁边有高粱地，有竹林，有水池，有粪坑，后面是荒僻的榛莽未除的土山坡。
若说地点荒凉，则月明之夕，或风雨之日，亦常有客到，大抵好友不嫌路远，路远乃见情谊。客来
则先爬几十级的土阶，进得屋来，仍须上坡，因为屋内地板乃依山势而铺，一面高，一面低，坡度
甚大，客来无不惊叹，我则久而安之，每日由书房走到饭厅是上坡，饭后鼓腹而出是下坡，亦不觉
有大不便处。</p>
</body>
</html>
```

此文件在 IE 浏览器中的预览效果如图 3-14 所示。

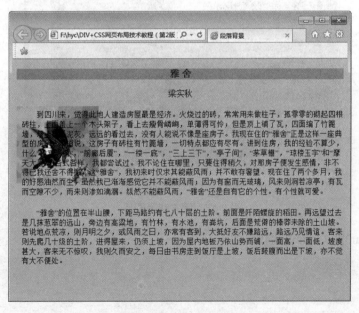

图 3-14　段落背景图片

3.2.4　固定背景图像

CSS 中的 background-attachment 属性用于指定背景图像是固定在屏幕上的，还是随着它所在的元素而滚动的。

一个固定的背景图像不会随着用户滚动页面而发生滚动(它是固定在屏幕上的)，而一个非固定的背景图像会随着页面的滚动而滚动。

background-attachment 的两种不同取值如下。

- scroll：表示图像会跟随页面滚动(非固定的)。
- fixed：表示图像是固定在屏幕上的。

例如，下面的代码将背景图像固定在屏幕上：

```
body {
background-color: #FFCC66;
background-image: url("butterfly.gif");
background-repeat: no-repeat;
background-attachment: fixed;
}
```

【例 3-15】背景图像不会随着页面的其他部分滚动的实例。文件在 IE 浏览器中的预览效果如图 3-15 所示。

图 3-15　固定背景图片

源文件(char3\3-15.html)的代码如下：

```
<!DOCTYPE html>
<html>
<head>
<meta charset="utf-8">
```

```
<style type="text/css">
body
{
background-image:url(images/butterfly.jpg);
background-repeat:no-repeat;
background-attachment:fixed
}
</style>
</head>
<body>
<p>图像不会随页面的其余部分滚动。</p>
<p>图像不会随页面的其余部分滚动。</p>
<p>图像不会随页面的其余部分滚动。</p>
<p>图像不会随页面的其余部分滚动。</p>
<p>图像不会随页面的其余部分滚动。</p>
<p>图像不会随页面的其余部分滚动。</p>
<p>图像不会随页面的其余部分滚动。</p>
<p>图像不会随页面的其余部分滚动。</p>
<p>图像不会随页面的其余部分滚动。</p>
<p>图像不会随页面的其余部分滚动。</p>
<p>图像不会随页面的其余部分滚动。</p>
<p>图像不会随页面的其余部分滚动。</p>
<p>图像不会随页面的其余部分滚动。</p>
<p>图像不会随页面的其余部分滚动。</p>
<p>图像不会随页面的其余部分滚动。</p>
<p>图像不会随页面的其余部分滚动。</p>
<p>图像不会随页面的其余部分滚动。</p>
<p>图像不会随页面的其余部分滚动。</p>
<p>图像不会随页面的其余部分滚动。</p>
<p>图像不会随页面的其余部分滚动。</p>
<p>图像不会随页面的其余部分滚动。</p>
<p>图像不会随页面的其余部分滚动。</p>
<p>图像不会随页面的其余部分滚动。</p>
</body>
</html>
```

3.2.5 背景图片位置

默认情况下背景图片都是从设置了 background 属性的标记的左上角开始出现的，但实际制作时设计者往往希望背景出现在指定的位置。

在 CSS 中可以通过 background-position 属性轻松地调整背景图片的位置。

background-position 的 9 种不同取值如下。

● bottom right：表示背景图像在右下角。

- top left：表示背景图像在左上角。

- top center：表示背景图像在顶部中间。

- top right：表示背景图像在右上角。

- center left：表示背景图像在左边中间。

- center center：表示背景图像在正中央。

- center right：表示背景图像在右边中部。

- bottom left：表示背景图像在左下角。

- bottom center：表示背景图像在底部中间。

【例 3-16】设置网页背景图像在右下角。源文件(char3\3-16.html)的代码如下：

```
<!DOCTYPE html>
<html>
<head>
<meta charset="utf-8">
<title>背景图像在右下角</title>
<style>
<!--
body {
background-color: #FFCC66;
background-image:url(images/butterfly.gif);
background-repeat: no-repeat;
background-position:bottom right;
}
p {
font-size:15px;                    /* 正文文字大小 */
padding-left:10px;
padding-top:8px;
line-height:120%;              /*设置 1.2 倍行高*/
text-indent:2em;               /*首行缩进 2 个字符*/
text-align:justify;
}
h3 {
color: #990000;
background-color: #FC9804;
text-align:center;
}
.center{text-align:center;}
-->
</style>
</head>
<body>
<h3>雅 舍</h3>
<div align="center">梁实秋</div>
<p class="bg">到四川来，觉得此地人建造房屋最是经济。火烧过的砖，常常用来做柱子，孤零
零的砌起四根砖柱，上面盖上一个木头架子，看上去瘦骨嶙峋，单薄得可怜；但是顶上铺了瓦，四
```

面编了竹篾墙，墙上敷了泥灰，远远的看过去，没有人能说不像是座房子。我现在住的"雅舍"正是这样一座典型的房子。不消说，这房子有砖柱有竹篾墙，一切特点都应有尽有。讲到住房，我的经验不算少，什么"上支下摘"，"前廊后厦"，"一楼一底"，"三上三下"，"亭子间"，"茅草棚"，"琼楼玉宇"和"摩天大厦"，各式各样，我都尝试过。我不论住在哪里，只要住得稍久，对那房子便发生感情，非不得已我还舍不得搬。这"雅舍"，我初来时仅求其能蔽风雨；并不敢存奢望。现在住了两个多月，我的好感油然而生，虽然我已渐渐感觉它并不能蔽风雨；因为有窗而无玻璃，风来则洞若凉亭；有瓦而空隙不少，雨来则渗如滴漏。纵然不能蔽风雨，"雅舍"还是自有它的个性。有个性就可爱。</p>
</body>
</html>

文件在 IE 浏览器中的预览效果如图 3-16 所示。

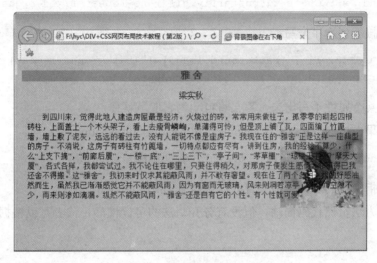

图 3-16　调整背景图片的位置

背景图片的位置不仅可以设置为上中下、左中右的模式，CSS 还可以给背景图片的位置定义具体的百分比，实现精确定位。例如，代码"background-position: 30% 70%;"的设置，使得背景图片的中心点在水平方向上处于 30%的位置，在竖直方向上位于 70%的位置。此时如果改变浏览器窗口的大小，会发现背景图片会进行相应的调整，但始终处于水平方向 30%而竖直方向 70%的位置上。

除了用百分数定位背景图片以外，还可以给 background-position 属性设置具体的数值，分别定义水平方向位置和竖直方向位置。

例如，代码"background-position:300px 30px;"的设置，使得背景图片左上角距离页面左侧 300 像素，距离页面上端 30 像素。这个绝对位置不随浏览器的大小而改变，当浏览器的宽度本身小于 300 像素时，背景图片就会显示不全。

3.2.6　背景样式的缩写

CSS 中的 background 属性是上述所有与背景有关的属性的缩写用法。

使用 background 属性可以减少属性的数目，因此令样式表更简短易读。

例如，下面 5 行代码：

```
background-color: #FFCC66;
background-image: url("butterfly.gif");
background-repeat: no-repeat;
background-attachment: fixed;
background-position: right bottom;
```

如果使用 background 属性，实现同样的效果只需一行代码即可：

```
background: #FFCC66 url("butterfly.gif") no-repeat fixed right bottom;
```

各个值应按下列次序来写：

```
[background-color] | [background-image] | [background-repeat]
| [background-attachment] | [background-position]
```

如果省略某个属性不写出来，那么将自动为它取默认值。

比如，如果去掉 background-attachment 和 background-position：

```
background: #FFCC66 url("butterfly.gif") no-repeat;
```

这两个未指定值的属性将被设置为默认值 scroll 和 top left。

用缩写的方法虽然代码简洁，但没有分开写法的可读性好，读者可以根据自己的喜好选择使用。

3.3 综合实例

3.3.1 文字的综合应用

新闻网页通常要把新闻的标题、新闻来源、新闻的发布日期、新闻媒体、新闻内容等信息通过不同的字体和段落表现出来。因此，设计新闻显示页面时要特别注意文字和段落的排版。图 3-17 所示为新浪网的一个新闻页面。本节模拟显示的结果，进一步讲述 CSS 文字和段落的排版方法。

仔细观察页面的特点，首先建立段落的 HTML 结构，页面分为标题、新闻来源、正文三个部分。其次设置各页面元素的 CSS 样式，标题和新闻来源居中显示，正文里有两个段落加粗显示。此外，新闻页面上还有不同样式的超链接，我们可以先定义一个通用的超链接样式，再把特殊的超链接样式单独定义。实例的完整代码如例 3-17 所示。

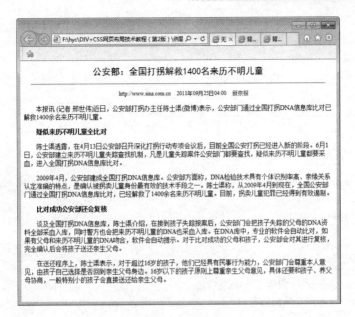

图 3-17　新闻显示页面

【例 3-17】新闻网页综合案例。源文件(char3\3-17.html)的代码如下：

```
<!DOCTYPE html>
<html>
<head>
<meta charset="utf-8">
<title>无标题文档</title>
<style type="text/css">
h1 {
color: #000066;  /*定义标题颜色*/
text-align:center;  /*定义标题居中*/
font-size:20px;  /*定义标题字号*/
font-family:"黑体";  /*定义标题字体*/
font-weight:normal;
}
a:link,a:visited {  /*定义超链接样式*/
color:#0000CC;
text-decoration:none;
}
a:hover {
color:#FF0000;
text-decoration:underline;  /*定义下划线*/
}
#art_source {
font-size:12px;
text-align:center;  /*新闻来源居中*/
}
#pub_date {
```

```
margin-left:10px; /*日期间隙*/
}
#media_name {
margin-left:10px; /*新闻媒体间隙*/
}
#media_name a:link,#media_name a:visited {
color:#ff0000;
text-decoration:none; /*新闻媒体超链接不同样式*/
}
#media_name a:hover {
color:#FF0000;
text-decoration:underline; /*定义下划线*/
}
p {
font-size:14px; /*段落字号*/
text-indent:2em; /*段落首行缩进*/
line-height:18px; /*段落行高*/
}
p.strong {
font-weight:bold; /*段落加粗*/
}
</style>
</head>
<body>
<h1>公安部：全国打拐解救 1400 名来历不明儿童</h1>
<hr width="95%"/>
<p id="art_source">
<span id="art_source"><a href="#">http://www.sina.com.cn</a></span>
<span id="pub_date">2011 年 09 月 25 日 04:00</span>
<span id="media_name"><a href="#">新京报</a></span></p>
<!-- 正文内容 begin -->
<p>本报讯（记者 邢世伟）近日，公安部打拐办主任陈士渠<a href="#">(微博)</a>表示，公
安部门通过全国打拐 DNA 信息库比对已解救 1400 余名来历不明儿童。</p>
<p class="strong">疑似来历不明儿童全比对</p>
<p>陈士渠透露，在 4 月 13 日公安部召开深化打拐行动专项会议后，目前全国公安打拐已经进入新
的阶段。6 月 1 日，公安部建立来历不明儿童失踪查找机制，凡是儿童失踪案件公安部门都要查找，
疑似来历不明儿童都要采血，进入全国打拐 DNA 信息库比对。</p>
<p>2009 年 4 月，公安部建成全国打拐 DNA 信息库。公安部方面称，DNA 检验技术具有个体识别
率高、亲缘关系认定准确的特点，是确认被拐卖儿童身份最有效的技术手段之一。陈士渠称，从 2009
年 4 月到现在，全国公安部门通过全国打拐 DNA 信息库比对，已经解救了 1400 余名来历不明儿童。
目前，拐卖儿童犯罪已经得到有效遏制。
</p>
<p class="strong">比对成功公安部还会复核</p>
<p>谈及全国打拐 DNA 信息库，陈士渠介绍，在接到孩子失踪报案后，公安部门会把孩子失踪的父
母的 DNA 资料全部采血入库，同时警方也会把来历不明儿童的 DNA 也采血入库。在 DNA 库中，专
业的软件会自动比对，如果有父母和来历不明儿童的 DNA 吻合，软件会自动提示。对于比对成功的
父母和孩子，公安部会对其进行复核，完全确认后会将孩子送还亲生父母。</p>
```

`<p>`在送还程序上，陈士渠表示，对于超过 16 岁的孩子，他们已经具有民事行为能力，公安部门会尊重本人意见，由孩子自己选择是否回到亲生父母身边。16 岁以下的孩子原则上尊重亲生父母意见，具体还要和孩子、养父母协商，一般特别小的孩子会直接送还给亲生父母。`</p>`
`</body>`
`</html>`

3.3.2　背景的综合应用

通过添加各种标记，可以让网页拥有多个背景。本节通过一个实例，进一步巩固背景的使用方法。本例的效果如图 3-18 所示。

图 3-18　背景的综合应用

首先定义页面的背景色。CSS 代码如下：

```
body {
background-color:#0099FF;     /*页面背景色*/
text-align:center;            /*页面居中*/
}
```

其次定义页面的主体的背景图片。CSS 代码如下：

```
#bg {
width:1000px; height:820px;
background: url(bg.jpg);       /*背景图片*/
}
```

再定义页面内容部分的背景图片。CSS 代码如下:

```
#content {
width:450px; height:400px;                /*正文块大小*/
position:absolute;
margin-top:280px; margin-left:280px; /*正文块位置*/
background-image:url(0121.jpg);          /*正文背景图片*/
background-repeat: no-repeat;                /*背景图片不重复*/
background-position: right bottom;   /*背景图片靠右靠底对齐*/
}
```

将页面的主体的背景图片、页面内容部分用<div>标记进行布局。代码如下:

```
<div id="bg">
<div id="content">
...
</div>
</div>
```

实例的完整代码如例 3-18 所示。

【例 3-18】背景的综合应用。源文件(char3\3-18.html)的代码如下:

```
<!DOCTYPE html>
<html>
<head>
<meta charset="utf-8">
<title>竹茗茶业-关于竹茗</title>
<style type="text/css">
<!--
body {
background-color:#0099FF;     /*页面背景色*/
text-align:center;                /*页面居中*/
}
#bg {
width:1000px; height:820px;
background: url(bg.jpg);          /*背景图片*/
}
#content {
width:450px; height:400px;                /*正文块大小*/
position:absolute;
margin-top:280px; margin-left:280px; /*正文块位置*/
background-image:url(0121.jpg);          /*正文背景图片*/
background-repeat: no-repeat;               /*背景图片不重复*/
background-position: right bottom;   /*背景图片靠右靠底对齐*/
}
#content p {
font-size:12px;                 /*正文段落格式*/
line-height:18px;
```

```
color:#333333;
text-align: left;
text-indent:2em;
}
-->
</style>
</head>
<body>
<div id="bg">
<div id="content">
<p>【 您的位置：<a href="#">首页</a>&gt;关于我们 】【 <a href="#">卫生许可证</a>】
【<a href="#">安溪茶叶协会</a>】</p>
<p>竹茗茶业创立于 1995 年 5 月 1 日，坐落于铁观音发祥地——福建安溪。这里是铁观音的故乡，
环境气候宜人，且无任何污染，是天然的绿色食品基地。本企业是一家专业生产乌龙茶系列：铁观
音、本山、黄金桂、毛蟹、梅占等，特别是铁观音的生产、加工、销售、科研及茶文化传播于一体，
产供销一条龙，科工贸一体化的综合性企业。产品远销北京、上海、辽宁、广东、浙江等全国十几
个省市。"诚信"是我们的承诺，"专业"是我们的优势，"品牌"是我们的追求。</p>
<p>厦门竹茗茶业主营各类乌龙茶系列产品，尤以安溪铁观音为主，兼售各类茶艺器具。 作为安溪
铁观音协会的会员单位，我们将本着顾客至上、用心服务、保证质量、重视信誉的精神，用专业的
素质为您提高优质的服务。</p>
<p>竹无俗韵，茗有其香，竹茗茶业期待与您分享！</p>
</div>
</div>
</body>
</html>
```

习 题 3

1. 选择题

(1) 下列选项中不属于 CSS 文本属性的是(　　)。

    A. font-size　　　B. text-transform　　C. text-align　　　D. line-height

(2) 在 CSS 语言中下列哪一项是"列表样式图像"的语法？(　　)

    A. width: <值>　　　　　　　　B. height: <值>

    C. white-space: <值>　　　　　　D. list-style-image: <值>

(3) 下列哪一项是 CSS 正确的语法构成？(　　)

    A. body:color=black　　　　　　B. {body;color:black}

    C. body {color: black;}　　　　　D. {body:color=black}

(4) 下面哪个 CSS 属性是用来更改背景颜色的？(　　)

    A. background-color:　　　　　　B. bgcolor:

    C. color:　　　　　　　　　　　D. text:

(5) 怎样给所有的<h1>标签添加背景颜色? (　　)

    A. .h1 {background-color:#FFFFFF}

    B. h1 {background-color:#FFFFFF;}

    C. h1.all {background-color:#FFFFFF}

    D. #h1 {background-color:#FFFFFF}

(6) 下列哪个 CSS 属性可以更改样式表的字体颜色? (　　)

    A. text-color=　　　B. fgcolor:　　　C. text-color:　　　D. color:

(7) 下列哪个 CSS 属性可以更改字体大小? (　　)

    A. text-size　　　B. font-size　　　C. text-style　　　D. font-style

(8) 下列哪段代码能够定义所有 p 标签内文字加粗? (　　)

    A. <p style="text-size:bold">　　　B. <p style="font-size:bold">

    C. p {text-size:bold}　　　D. p {font-weight:bold}

(9) 如何去掉文本超级链接的下划线? (　　)

    A. a{text-decoration:no underline}　　　B. a {underline:none}

    C. a {decoration:no underline}　　　D. a {text-decoration:none}

(10) 如何设置英文首字母大写? (　　)

    A. text-transform:uppercase　　　B. text-transform:capitalize

    C. 样式表做不到　　　D. text-decoration:none

(11) 下列哪个 CSS 属性能够更改文本字体? (　　)

    A. f:　　　B. font=　　　C. font-family:　　　D. text-decoration:none

(12) 下列哪个 CSS 属性能够设置文本加粗? (　　)

    A. font-weight:bold　　　B. style:bold　　　C. font:b　　　D. font= bold

(13) 如何定义列表的项目符号为实心矩形? (　　)

    A. list-type: square　　　B. type: 2

    C. type: square　　　D. list-style-type: square

2. 思考与回答

(1) CSS 可以控制字体的哪些属性?

(2) <p>标记与
标记的区别是什么? CCS 可以控制段落的哪些属性?

(3) CSS 可以控制列表的哪些样式?

(4) 什么是前景色和背景色? CSS 设置颜色值时有哪些表示方法?

上机实验 3

1. 实验目的

熟悉并掌握 CSS 控制文字和段落的方法；掌握 CSS 列表格式设置；掌握 CSS 颜色和背景样式的设置。

2. 实验内容

(1) 在记事本中调试书上的各个实例。

(2) 参考图 3-19 的样式，制作一个页面。要求 CSS 引用采用外部样式表来实现，CSS 样式文件尽量简洁。

(3) 要求编写的代码符合 XHTML 格式要求。

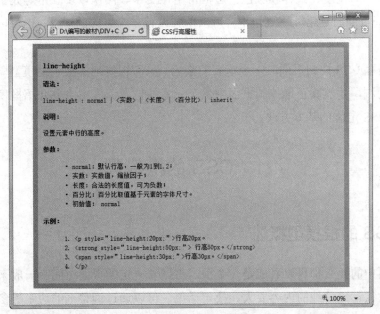

图 3-19　实验样图

第 4 章　CSS 的框模型与定位

本章要点

- CSS 的框模型概述
- CSS 的绝对定位与相对定位
- CSS 的浮动效果
- CSS 的定位实例

在 CSS 中可以给对象添加边框，以及设定边框的颜色、粗细和样式。边框属性用于设置一个元素边框的宽度、式样和颜色。边框常用在文字、图像以及表单等元素上，在使用 CSS+DIV 布局页面时通常要用到边框。可以单独设置一个方向的边框，也可以统一设置整体边框。

框模型是以 CSS 控制页面时一个重要的概念。只有很好地掌握了框模型概念以及其中每个元素的用法，才能真正地控制页面中各个元素的位置。本章主要介绍框模型的基本概念，并讲解 CSS 定位的基本方法。

4.1　CSS 的框模型

4.1.1　CSS 的框模型概述

所有页面中的元素都可以看成是一个框，占据着一定的页面空间。一般来说，这些被占据的空间往往都比单纯的内容要大。换句话说，可以通过调整框的边距等参数，来调节框的位置。

CSS 的框模型(Box Model)规定了框处理元素内容(element)、内边距(padding)、边框(border)和外边距(margin)的方式，如图 4-1 所示。

元素框的最内部分是实际的内容(element)，直接包围内容的是内边距(height 和 width)。内边距呈现了元素的背景。内边距(padding)的边缘是边框(border)。边框以外是外边距(margin)，外边距默认是透明的，因此不会遮挡其后的任何元素。

内边距、边框和外边距都是可选的，默认值是零。在 CSS 中，width 和 height 指的是内容区域的宽度和高度。增加内边距、边框和外边距不会影响内容区域的尺寸，但是会增加元素框的尺寸。一个框的实际宽度(高度)由 width(height)+padding+border+margin 组成。

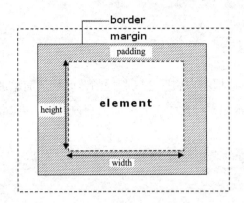

图 4-1　CSS 框模型

假设框的每个边上有 10px 的外边距和 5px 的内边距。如果希望这个元素框达到 100 个像素，就需要将内容的宽度设置为 70 像素，如图 4-2 所示。

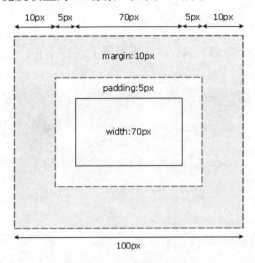

图 4-2　CSS 框的宽度

代码如下：

```
#box {
width: 70px;
margin: 10px;
padding: 5px;
}
```

提示：外边距可以是负值，而且在很多情况下都要使用负值的外边距。

对于任何一个框，都可以分别设置 4 条边各自的 border、padding 和 margin。因此，只要利用好框的这些属性，就能够实现各种各样的排版效果。

4.1.2　CSS 的内边距

CSS 元素的内边距在边框和内容区之间。控制该区域最简单的属性是 padding 属性。CSS padding 属性定义元素边框与元素内容之间的空白区域。padding 属性值可以是长度值或百分比值，但不允许使用负值。

例如，让所有 h1 元素的各边都有 10 像素的内边距，只需要这样：

```
h1 {padding: 10px;}
```

还可以按照上、右、下、左的顺序分别设置各边的内边距，各边均可以使用不同的单位或百分比值：

```
h1 {padding: 10px 0.25em 2ex 20%;}
```

1．单边内边距属性

也可通过使用下面 4 个单独的属性，分别设置上、右、下、左的内边距：

```
padding-top
padding-right
padding-bottom
padding-left
```

下面的规则实现的效果与上面的简写规则是完全相同的：

```
h1 {
    padding-top: 10px;
    padding-right: 0.25em;
    padding-bottom: 2ex;
    padding-left: 20%;
}
```

2．内边距的百分比数值

前面提到过，可以为元素的内边距设置百分数值。百分数值是相对于其父元素的 width 计算的，这一点与外边距一样。所以，如果父元素的 width 改变，它们也会改变。

下面这条规则把段落的内边距设置为父元素 width 的 10%：

```
p {padding: 10%;}
```

例如，如果一个段落的父元素是 div 元素，那么它的内边距要根据 div 的 width 计算：

```
<div style="width: 200px;">
<p>This paragragh is contained within a DIV that has a width of 200 pixels.</p>
</div>
```

注意：上下内边距与左右内边距一致，即上下内边距的百分数会相对于父元素宽度设置，而不是相对于高度。

3．值复制

我们在定义内边距的时候可以采用如下的值复制的原理。

● 内边距设置一个值：4 个内边距均使用同一个设置值。

● 内边距设置两个值：上下内边距用第一个值，左右内边距用第二个值。

● 内边距设置三个值：上内边距用第一个值，左右内边距用第二个值，下内边距用第三个值。

● 内边距设置四个值：四个值分别对应上、右、下、左四个内边距。

【例 4-1】设置表格单元格的内边距，如图 4-3 所示。

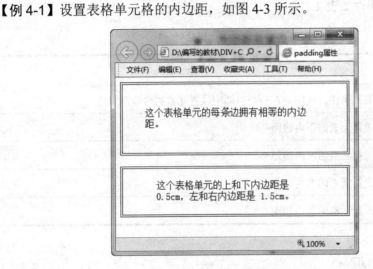

图 4-3　padding 的运用

源文件(char4\4-1.html)的代码如下：

```
<!DOCTYPE html>
<html>
<head>
<meta charset="utf-8"><title>padding 属性</title>
<style type="text/css">
.test1 {padding: 1cm}
.test2 {padding: 0.5cm 1.5cm}
</style>
</head>
<body>
<table border="1">
<tr>
<td class="test1">
这个表格单元的每个边拥有相等的内边距。
```

```
</td>
</tr>
</table>
<br>
<table border="1">
<tr>
<td class="test2">
这个表格单元的上和下内边距是 0.5cm, 左和右内边距是 1.5cm。
</td>
</tr>
</table>
</body>
</html>
```

CSS 内部边距的属性如表 4-1 所示。

表 4-1　CSS 内边距属性

属　　性	描　　述
padding	简写属性。作用是在一个声明中设置元素的内边距属性
padding-bottom	设置元素的下内边距
padding-left	设置元素的左内边距
padding-right	设置元素的右内边距
padding-top	设置元素的上内边距

4.1.3　CSS 的边框

元素的边框(border)是围绕元素内容和内边距的一条或多条线。CSS border 属性允许规定元素边框的样式、宽度和颜色。

在 HTML 中, 我们使用表格来创建文本周围的边框, 但是通过使用 CSS 边框属性, 我们可以创建出效果出色的边框, 并且可以应用于任何元素。

元素外边距内就是元素的边框(border)。元素的边框就是围绕元素内容和内边距的一条或多条线。

每个边框有 3 个属性: 样式(style)、宽度(width)和颜色(color)。在设置时通常需要将这 3 个属性进行很好的配合, 才能达到良好的效果。下面介绍这 3 个方面的内容。

1. 边框的样式(style)

样式是边框最重要的一个方面, 这不是因为样式控制着边框的显示(当然, 样式确实控制着边框的显示), 而是因为如果没有样式, 将根本没有边框。

CSS 的 border-style 属性定义了很多不同的非 inherit 样式，包括 none。

- none：定义无边框。该项为默认值。
- hidden：与 none 相同。不过应用于表时除外，对于表，hidden 用于解决边框冲突。
- dotted：定义点状边框。在大多数浏览器中呈现为实线。
- dashed：定义虚线边框。在大多数浏览器中呈现为虚线。
- solid：定义实线边框。
- double：定义双线。双线的宽度等于 border-width 的值。
- groove：定义 3D 凹槽边框。其效果取决于 border-color 的值。
- ridge：定义 3D 垄状边框。其效果取决于 border-color 的值。
- inset：定义 3D inset 边框。其效果取决于 border-color 的值。
- outset：定义 3D outset 边框。其效果取决于 border-color 的值。
- inherit：规定应该从父元素继承边框样式。

可以把一幅图片的边框定义为 outset，使之看上去像是 "凸起按钮"，例如：

```
a:link img {border-style: outset;}
```

1) 定义多种样式

可以为一个边框定义多个样式，例如：

```
p.aside {border-style: solid dotted dashed double;}
```

上面这条规则为类名是 aside 的段落定义了 4 种边框样式：实线上边框、点线右边框、虚线下边框和一个双线左边框。

2) 定义单边样式

如果希望为元素框的某一个边设置边框样式，而不是设置所有 4 个边的边框样式，可以使用下面的单边边框样式属性：

```
border-top-style
border-right-style
border-bottom-style
border-left-style
```

因此下面这两种方法是等价的：

```
p {border-style: solid solid solid none;}
p {border-style: solid; border-left-style: none;}
```

> **注意**：如果要使用第二种方法，必须把单边属性放在简写属性之后。因为如果把单边属性放在 border-style 之前，简写属性的值就会覆盖单边值 none。

【例 4-2】设置边框样式，在 IE 浏览器中的运行效果如图 4-4 所示。

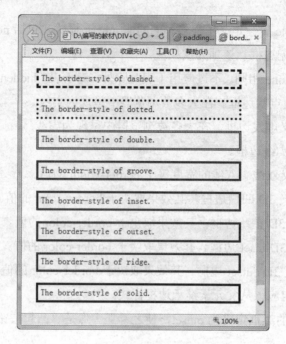

图 4-4 使用 border-style

源文件(char4\4-2.html)的代码如下:

```
<!DOCTYPE html>
<html>
<head>
<meta charset="utf-8">
<title>border-style</title>
<style type="text/css">
<!--
div {
border-width:4px;
border-color:#000000;
margin:20px; padding:5px;
background-color:#FFFFCC;
}
-->
</style>
</head>
<body>
<div style="border-style:dashed">The border-style of dashed.</div>
<div style="border-style:dotted">The border-style of dotted.</div>
<div style="border-style:double">The border-style of double.</div>
<div style="border-style:groove">The border-style of groove.</div>
<div style="border-style:inset">The border-style of inset.</div>
<div style="border-style:outset">The border-style of outset.</div>
<div style="border-style:ridge">The border-style of ridge.</div>
<div style="border-style:solid">The border-style of solid.</div>
```

```
</body>
</html>
```

可以看出，对于 groove、inset、outset 和 ridge 这几种值，IE 支持不够理想。对于 IE 浏览器不支持的 border-style 效果，在实际制作网页时，不推荐使用。

2．边框的宽度(width)

边框的宽度是指边框的粗细程度。可以通过 border-width 属性为边框指定宽度。border-width 属性共有以下 4 种设置方法。

- 设置一个值：4 条边框宽度均使用同一个设置值。
- 设置两个值：上下边框用第一个值，左右边框用第二个值。
- 设置三个值：上边框用第一个值，左右边框用第二个值，下边框用第三个值。
- 设置四个值：四个值分别对应上、右、下、左四条边框。

为边框指定宽度有两种方法：可以指定长度值，比如 2px 或 0.1em；或者使用 3 个关键字之一，分别是 thick、medium(默认值)和 thin。

> **注意**：CSS 没定义 3 个关键字的具体宽度，所以一个用户代理可能把 thick、medium 和 thin 分别设置为等于 5px、3px 和 2px，而另一个用户代理则分别设置为 3px、2px 和 1px。一般的浏览器都将其解析为 2px 宽。

可以通过下面的方法设置边框的宽度：

```
p {border-style: solid; border-width: 5px;}
```

或者：

```
p {border-style: solid; border-width: thick;}
```

也可以为每个单边边框定义宽度。可以按照 top-right-bottom-left 的顺序设置元素的各边边框：

```
p {border-style: solid; border-width: 15px 5px 15px 5px;}
```

上面的例子也可以简写为(这样的写法称为值复制)：

```
p {border-style: solid; border-width: 15px 5px;}
```

也可以通过下列属性分别设置边框各边的宽度：

```
border-top-width
border-right-width
border-bottom-width
border-left-width
```

因此，下面的规则与上面的例子是等价的：

```
p {
border-style: solid;
border-top-width: 15px;
border-right-width: 5px;
border-bottom-width: 15px;
border-left-width: 5px;
}
```

【例 4-3】设置边框宽度，如图 4-5 所示。

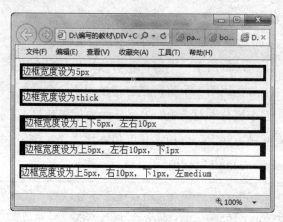

图 4-5　使用 border-width

源文件(char4\4-3.html)的代码如下：

```
<!DOCTYPE html>
<html>
<head>
<meta charset="utf-8">
<style type="text/css">
p.one {
border-style: solid;
border-width: 5px
}
p.two {
border-style: solid;
border-width: thick
}
p.three {
border-style: solid;
border-width: 5px 10px
}
p.four {
border-style: solid;
border-width: 5px 10px 1px
}
p.five {
```

```
border-style: solid;
border-width: 5px 10px 1px medium
}
</style>
</head>
<body>
<p class="one">边框宽度设为 5px</p>
<p class="two">边框宽度设为 thick</p>
<p class="three">边框宽度设为上下 5px，左右 10px</p>
<p class="four">边框宽度设为上 5px，左右 10px，下 1px</p>
<p class="five">边框宽度设为上 5px，右 10px，下 1px，左 medium</p>
</body>
</html>
```

注意：如果希望显示某种边框，就必须设置边框样式，比如 solid 或 outset。由于 border-style 的默认值是 none，如果没有声明样式，就相当于 border-style: none，因此，如果希望边框出现，就必须声明一个边框样式。

3．边框的颜色(color)

设置边框颜色非常简单。CSS 使用一个简单的 border-color 属性，它一次可以接受最多 4 个颜色值。在设置时跟 border-width 属性一样，也可以有 4 种设置方法。

可以使用任何类型的颜色值，例如可以是命名颜色，也可以是十六进制和 RGB 值：

```
p {
border-style: solid;
border-color: blue rgb(25%,35%,45%) #909090 red;
}
```

如果颜色值小于 4 个，值复制就会起作用。例如下面的规则声明了段落的上下边框是蓝色，左右边框是红色：

```
p {
border-style: solid;
border-color: blue red;
}
```

注意：默认的边框颜色是元素本身的前景色。如果没有为边框声明颜色，它将与元素的文本颜色相同。另外，如果元素没有任何文本，假设它是一个表格，其中只包含图像，那么该表的边框颜色就是其父元素的文本颜色(因为 color 可以继承)。这个父元素很可能是 body、div 或另一个 table。

也可以为每个单边边框定义颜色属性。它们的原理与单边样式和宽度属性相同：

```
border-top-color
border-right-color
```

```
border-bottom-color
border-left-color
```

要为 h1 元素指定实线黑色边框，而右边框为实线红色，可以这样指定：

```
h1 {
border-style: solid;
border-color: black;
border-right-color: red;
}
```

【例 4-4】设置边框颜色，如图 4-6 所示。

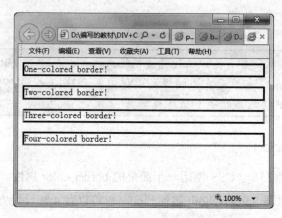

图 4-6　使用 border-color

源文件(char4\4-4.html)的代码如下：

```
<!DOCTYPE html>
<html>
<head>
<meta charset="utf-8">
<style type="text/css">
p.one {
border-style: solid;
border-color: #0000ff
}
p.two {
border-style: solid;
border-color: #ff0000 #0000ff
}
p.three {
border-style: solid;
border-color: #ff0000 #00ff00 #0000ff
}
p.four {
border-style: solid;
border-color:  blue rgb(25%,35%,45%) #909090 red;
```

```
}
</style>
</head>
<body>
<p class="one">One-colored border!</p>
<p class="two">Two-colored border!</p>
<p class="three">Three-colored border!</p>
<p class="four">Four-colored border!</p>
</body>
</html>
```

CSS 边框属性如表 4-2 所示。

表 4-2　CSS 边框属性

属　性	描　述
border	简写属性，用于把针对 4 个边的属性设置在一个声明里
border-style	用于设置元素所有边框的样式，或者单独地为各边设置边框样式
border-width	简写属性，用于为元素的所有边框设置宽度，或者单独为各边框设置宽度
border-color	简写属性，设置元素所有边框中可见部分的颜色，或为 4 个边分别设置颜色
border-bottom	简写属性，用于把下边框的所有属性设置到一个声明中
border-bottom-color	设置元素的下边框的颜色
border-bottom-style	设置元素的下边框的样式
border-bottom-width	设置元素的下边框的宽度
border-left	简写属性，用于把左边框的所有属性设置到一个声明中
border-left-color	设置元素的左边框的颜色
border-left-style	设置元素的左边框的样式
border-left-width	设置元素的左边框的宽度
border-right	简写属性，用于把右边框的所有属性设置到一个声明中
border-right-color	设置元素的右边框的颜色
border-right-style	设置元素的右边框的样式
border-right-width	设置元素的右边框的宽度
border-top	简写属性，用于把上边框的所有属性设置到一个声明中
border-top-color	设置元素的上边框的颜色
border-top-style	设置元素的上边框的样式
border-top-width	设置元素的上边框的宽度

4.1.4　CSS 的外边距

围绕在元素边框的空白区域是外边距(margin)。设置外边距会在元素外创建额外的"空白"。设置外边距的最简单的方法就是使用 margin 属性，这个属性接受任何长度单位，可以是像素、英寸、毫米或 em，也可以是百分数值甚至负值。

margin 可以设置为 auto。更常见的做法是为外边距设置长度值。下面的声明在 h1 元素的各个边上设置了 1/4 英寸宽的空白：

```
h1 {margin: 0.25in;}
```

下面的例子为 h1 元素的 4 个边分别定义了不同的外边距，所使用的长度单位是像素(px)：

```
h1 {margin: 10px 0px 15px 5px;}
```

与内边距的设置相同，这些值的顺序是从上外边距(top)开始围着元素顺时针旋转的：

```
margin: top right bottom left
```

另外，还可以为 margin 设置一个百分比数值：

```
p {margin: 10%;}
```

百分数是相对于父元素的 width 计算的。上面这个例子为 p 元素设置的外边距是其父元素的 width 的 10%。

margin 的默认值是 0，所以如果没有为 margin 声明一个值，就不会出现外边距。但是，在实际中，浏览器对许多元素已经提供了预定的样式，外边距也不例外。例如，在支持 CSS 的浏览器中，外边距会在每个段落元素的上面和下面生成"空行"。因此，如果没有为 p 元素声明外边距，浏览器可能会自己应用一个外边距。当然，只要特别做了声明，就会覆盖默认样式。

设置 margin 的值时，可以利用值复制的原理。换句话说，如果为外边距指定了 3 个值，则第 4 个值(即左外边距)会从第 2 个值(右外边距)复制得到。如果给定了两个值，第 4 个值会从第 2 个值复制得到，第 3 个值(下外边距)会从第 1 个值(上外边距)复制得到。最后一个情况，如果只给定一个值，那么其他 3 个外边距都由这个值(上外边距)复制得到。

利用这个简单的机制，只需指定必要的值，而不必全部都应用 4 个值，例如：

```
h1 {margin: 0.25em 1em 0.5em;}   /* 等价于 0.25em 1em 0.5em 1em */
h2 {margin: 0.5em 1em;}          /* 等价于 0.5em 1em 0.5em 1em */
p {margin: 1px;}                 /* 等价于 1px 1px 1px 1px */
```

这种办法有一个小缺点，实际应用中肯定会遇到这个问题。假设希望把 p 元素的上外边距和左外边距设置为 20 像素，下外边距和右外边距设置为 30 像素。在这种情况下，必须写作：

```
p {margin: 20px 30px 30px 20px;}
```

这样才能得到想要的结果。遗憾的是，在这种情况下，所需值的个数没有办法更少了。

再来看另外一个例子。如果希望除了左外边距以外所有其他外边距都是 auto(左外边距是 20px)：

```
p {margin: auto auto auto 20px;}
```

同样地，这样才能得到想要的效果。问题在于，输入这些 auto 有些麻烦。如果只是希望控制元素单边上的外边距，可以使用单边外边距属性。

可以使用单边外边距属性为元素单边上的外边距设置值。假设希望把 p 元素的左外边距设置为 20px。不必使用 margin(需要输入很多 auto)，而是可以采用以下方法：

```
p {margin-left: 20px;}
```

可以使用下列任何一个属性来只设置相应边的外边距，而不会直接影响所有其他的外边距：

```
margin-top
margin-right
margin-bottom
margin-left
```

一个规则中可以使用多个这种单边属性，例如：

```
h2 {
margin-top: 20px;
margin-right: 30px;
margin-bottom: 30px;
margin-left: 20px;
}
```

当然，对于这种情况，使用 margin 可能更容易一些：

```
p {margin: 20px 30px 30px 20px;}
```

不论使用单边属性还是使用 margin，得到的结果都一样。一般来说，如果希望为多个边设置外边距，使用 margin 会更容易一些。不过，从文档显示的角度看，实际上使用哪种方法都不重要，所以应该选择对自己来说更容易的一种方法。

【例 4-5】设置外边距，如图 4-7 所示。

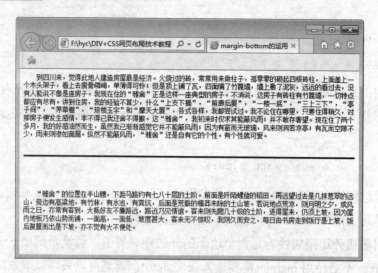

图 4-7　使用 margin-bottom

源文件(char4\4-5.html)的代码如下：

```
<!DOCTYPE html>
<html>
<head>
<meta charset="utf-8">
<title>margin-bottom 的运用</title>
<style type="text/css">
<!--
p.one {
border-bottom: 3px solid blue;
padding-bottom: 30px;
margin-bottom: 60px;
}
p {
font-size:9pt;                    /* 正文文字大小 */
line-height:120%;                 /* 设置 1.2 倍行高 */
text-indent:2em;                  /* 首行缩进 2 个字符 */
text-align:justify;
}
-->
</style>
</head>
<body>
<p class="one">到四川来，觉得此地人建造房屋最是经济。火烧过的砖，常常用来做柱子，孤
零零的砌起四根砖柱，上面盖上一个木头架子，看上去瘦骨嶙峋，单薄得可怜；但是顶上铺了瓦，
四面编了竹篦墙，墙上敷了泥灰，远远的看过去，没有人能说不像是座房子。我现在住的"雅舍"
正是这样一座典型的房子。不消说，这房子有砖柱有竹篦墙，一切特点都应有尽有。讲到住房，我
的经验不算少，什么"上支下摘"，"前廊后厦"，"一楼一底"，"三上三下"，"亭子间"，
"茅草棚"，"琼楼玉宇"和"摩天大厦"，各式各样，我都尝试过。我不论住在哪里，只要住得
稍久，对那房子便发生感情，非不得已我还舍不得搬。这"雅舍"，我初来时仅求其能蔽风雨；并
```

不敢存奢望。现在住了两个多月,我的好感油然而生,虽然我已渐渐感觉它并不能蔽风雨;因为有窗而无玻璃,风来则洞若凉亭;有瓦而空隙不少,雨来则渗如滴漏。纵然不能蔽风雨,"雅舍"还是自有它的个性。有个性就可爱。</p>

<p>"雅舍"的位置在半山腰,下距马路约有七八十层的土阶。前面是阡陌螺旋的稻田。再远望过去是几抹葱翠的远山,旁边有高粱地,有竹林,有水池,有粪坑,后面是荒僻的榛莽未除的土山坡。若说地点荒凉,则月明之夕,或风雨之日,亦常有客到,大抵好友不嫌路远,路远乃见情谊。客来则先爬几十级的土阶,进得屋来,仍须上坡,因为屋内地板乃依山势而铺,一面高,一面低,坡度甚大,客来无不惊叹,我则久而安之,每日由书房走到饭厅是上坡,饭后鼓腹而出是下坡,亦不觉有大不便处。</p>

</body>

</html>

CSS 外边距属性如表 4-3 所示。

<p style="text-align:center">表 4-3　CSS 外边距属性</p>

属　性	描　述
margin	简写属性,在一个声明中设置所有外边距属性
margin-bottom	设置元素的下外边距
margin-left	设置元素的左外边距
margin-right	设置元素的右外边距
margin-top	设置元素的上外边距

4.1.5　外边距合并

外边距合并(叠加)是一个相当简单的概念。但是,在实践中对网页进行布局时,它会造成许多混淆。

简单地说,外边距合并指的是,当两个垂直外边距相遇时,它们将形成一个外边距。合并后的外边距的高度等于两个发生合并的外边距的高度中的较大者。

当一个元素出现在另一个元素上面时,第一个元素的下外边距与第二个元素的上外边距会发生合并,如图 4-8 所示。

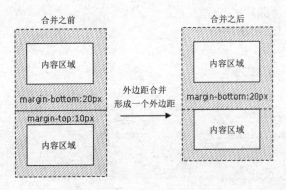

图 4-8　两个垂直外边距的合并

【例4-6】外边距合并，如图4-9所示。

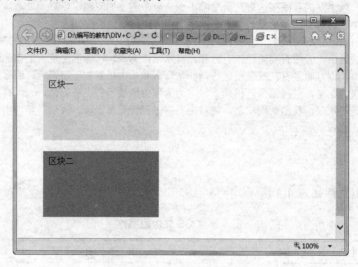

图4-9 块元素之间的 margin

源文件(char4\4-6.html)的代码如下:

```
<!DOCTYPE html>
<html>
<head>
<meta charset="utf-8">
<style type="text/css">
<!--
* {
margin:10;
padding:10;
border:0;
}
#d1 {
width:200px;
height:100px;
margin-top:20px;
margin-bottom:20px;
background-color:#CCFF66;
}
#d2 {
width:200px;
height:100px;
margin-top:10px;
background-color:#6699cc;
}
-->
</style>
</head>
```

```
<body>
<div id="d1">区块一</div>
<div id="d2">区块二</div>
</body>
</html>
```

请注意，区块一和区块二之间的外边距是 20px，而不是 30px(20px+10px)。

> **注意：** 只有普通文档流中块框的垂直外边距才会发生外边距合并。行内框、浮动框或绝对定位之间的外边距不会合并。

4.2　CSS 的定位和浮动

网页中各种元素都必须有自己合适的位置，从而搭建出整个页面结构。本节围绕 CSS 定位的几种原理方法，进行深入的介绍，包括 position、float 和 z-index 等。CSS 为定位和浮动提供了一些属性，利用这些属性，可以建立列式布局，将布局的一部分与另一部分重叠，还可以完成多年来通常需要使用多个表格才能完成的任务。

定位的基本思想很简单，它允许定义元素框相对于其正常位置应该出现的位置，或者相对于父元素、另一个元素甚至浏览器窗口本身的位置。

4.2.1　块级元素

div、h1 或 p 元素常常被称为块级元素。这意味着这些元素显示为一块内容，即"块框"。与之相反，span 和 strong 等元素称为"行内元素"，这是因为它们的内容显示在行中，即"行内框"。

可以使用 display 属性改变生成的框的类型。通过将 display 属性设置为 block，可以让行内元素(比如<a>元素)表现得像块级元素一样。还可以通过把 display 设置为 none，让生成的元素根本没有框。这样的话，该框及其所有内容就不再显示，不占用文档中的空间。

在一种情况下，即使没有进行显式定义，也会创建块级元素。这种情况发生在把一些文本添加到一个块级元素(比如 div)的开头。即使没有把这些文本定义为段落，它也会被当作段落对待。例如：

```
<div>
some text
<p>Some more text.</p>
</div>
```

在这种情况下，这个框称为无名块框，因为它不与专门定义的元素相关联。

4.2.2　CSS 的定位机制

定位(position)是 CSS 排版中非常重要的概念。position 从字面意思上看就是指定块的位置。通过使用 position 属性,我们可以选择 4 种不同类型的定位,这会影响元素框生成的方式。position 属性值的含义如下。

- static:元素框正常生成。块级元素生成一个矩形框,作为文档流的一部分,行内元素则会创建一个或多个行框,置于其父元素中。元素保持在应该在的位置上,这是默认值。

- relative:元素框偏移某个距离。元素仍保持其未定位前的形状,它原本所占的空间仍保留。即元素的相对定位。

- absolute:元素框从文档流完全删除,并相对于其包含块定位。包含块可能是文档中的另一个元素或者是初始包含块。元素原先在正常文档流中所占的空间会关闭,就好像元素原来不存在一样。元素定位后生成一个块级框,而不论原来它在正常流中生成何种类型的框。即元素的绝对定位。

- fixed:元素框的表现类似于将 position 设置为 absolute,不过其包含块是视窗本身。

CSS 有三种基本的定位机制:普通流、浮动和绝对定位。

除非专门指定,否则所有框都在普通流中定位。也就是说,普通流中的元素的位置由元素在 HTML 中的位置决定。

块级框从上到下一个接一个地排列,框之间的垂直距离是由框的垂直外边距计算出来。

内框在一行中水平布置。可以使用水平内边距、边框和外边距调整它们的间距。但是,垂直内边距、边框和外边距不影响行内框的高度。由一行形成的水平框称为行框(Line Box),行框的高度总是足以容纳它包含的所有行内框。不过,设置行高可以增加这个框的高度。

下面介绍相对定位、绝对定位和浮动。

4.2.3　相对定位

相对定位是一个非常容易掌握的概念。如果对一个元素进行相对定位,它将出现在它所在的位置上。然后,可以通过设置垂直或水平位置,让这个元素"相对于"它的起点进行移动。如果将 top 设置为 20 像素,框将在原位置顶部下面 20 像素的地方。如果 left 设置为 30 像素,会在元素左边创建 30 像素的空间,也就是将元素向右移动。代码如下:

```
#box_relative {
position: relative;
left: 30px;
top: 20px;
}
```

注意: 在使用相对定位时，无论是否进行移动，元素仍然占据原来的空间。因此，移动元素会导致它覆盖其他框。相对定位实际上被看作普通流定位模型的一部分，因为元素的位置相对于它在普通流中的位置。

【例 4-7】元素的相对定位一，如图 4-10 所示。

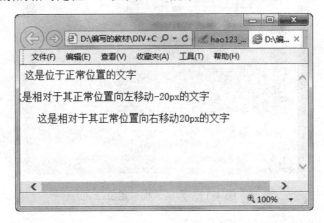

图 4-10　元素的相对定位一

源文件(char4\4-7.html)的代码如下:

```
<!DOCTYPE html>
<html>
<head>
<meta charset="utf-8">
<style type="text/css">
p.pos_left {
position: relative;
left: -20px
}
p.pos_right {
position: relative;
left: 20px
}
</style>
</head>
<body>
<p>这是位于正常位置的文字</p>
<p class="pos_left">这是相对于其正常位置向左移动-20px 的文字</p>
<p class="pos_right">这是相对于其正常位置向右移动 20px 的文字</p>
</body>
</html>
```

相对定位会按照元素的原始位置对该元素进行移动，样式"left: -20px"从元素的原始左侧位置减去 20 像素，样式"left: 20px"向元素的原始左侧位置增加 20 像素。

【例 4-8】元素的相对定位二，如图 4-11 所示。

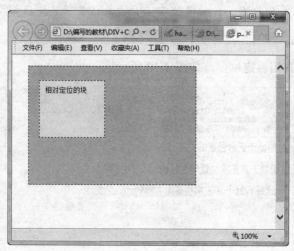

图 4-11　元素的相对定位二

源文件(char4\4-8.html)的代码如下：

```
<!DOCTYPE html>
<html>
<head>
<meta charset="utf-8">
<title>position 属性</title>
    <style type="text/css">
    <!--
    body {
        margin:10px;
        font-family:Arial;
        font-size:13px;
    }
    #father {
        background-color:#a0c8ff;
        border:1px dashed #000000;
        width:300px; height:200px;
        margin:20px;
        padding:5px;
    }
    #block1 {
        background-color:#fff0ac;
        border:1px dashed #000000;
        width:100; height:80px;
        padding:10px;
        position:relative;         /* relative 相对定位 */
        left:15px;                 /* 子块的左边框距离它原来的位置 15px */
        top:10%;
```

```
    }
    -->
    </style>
</head>
<body>
    <div id="father">
        <div id="block1">相对定位的块</div>
    </div>
</body>
</html>
```

该例中，子块一的 position 属性设置为 relative，并调整了它的位置，此时子块的位置左边框相对于父块的左边框的距离为 15px，上边框相对于父块上边框的 10%。

4.2.4　绝对定位

设置为绝对定位的元素框从文档流完全删除，并相对于其包含块定位，包含块可能是文档中的另一个元素或者是初始包含块。元素原先在正常文档流中所占的空间会关闭，就好像该元素原来不存在一样。元素定位后生成一个块级框，而不论原来它在正常流中生成何种类型的框。

绝对定位的元素的位置相对于最近的已定位父元素，如果元素没有已定位的父元素，那么它的位置相对于最初的包含块。比如，网页文档。

【例 4-9】元素的绝对定位一，如图 4-12 所示。

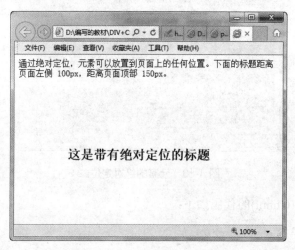

图 4-12　元素的绝对定位一

源文件(char4\4-9.html)的代码如下：

```
<!DOCTYPE html>
<html>
<head>
```

```
<meta charset="utf-8">
<style type="text/css">
h2.pos_abs
{
position:absolute;
left:100px;
top:150px
}
</style>
</head>
<body>
<h2 class="pos_abs">这是带有绝对定位的标题</h2>
<p>通过绝对定位，元素可以放置到页面上的任何位置。下面的标题距离页面左侧 100px，距离页
面顶部 150px。</p>
</body>
</html>
```

通过绝对定位，元素可以放置到页面上的任何位置。该例中，标题文字距离页面左侧 100px，距离页面顶部 150px。

【例 4-10】元素的绝对定位二，如图 4-13 所示。

图 4-13　元素的绝对定位二

源文件(char4\4-10.html)的代码如下：

```
<!DOCTYPE html>
<html>
<head>
<meta charset="utf-8">
<title>position 属性</title>
<style type="text/css">
    <!--
    body {
```

```
        margin:10px;
        font-family:Arial;
        font-size:13px;
    }
    #father {
        background-color:#a0c8ff;
        border:1px dashed #000000;
        width:100%;
        height:100%;
        padding:5px;
    }
    #block1 {
        background-color:#fff0ac;
        border:1px dashed #000000;
        padding:10px;
        position:absolute;          /* absolute 绝对定位 */
        left:60px;
        top:35px;
    }
    #block2{
        background-color:#ffbd76;
        border:1px dashed #000000;
        padding:10px;
    }
    -->
</style>
</head>
<body>
<div id="father">
    <div id="block1">块一</div>
    <div id="block2">块二</div>
</div>
</body>
</html>
```

该例中子块一的 position 属性设置为 absolute，并调整了它的位置，此时子块二成为父块的第一个块，子块一不再是父块的子块。子块一按照 position 属性值的设置，位置左上角距离浏览器左侧 60px，距离浏览器顶部 35px，并且覆盖在子块二之上。

绝对定位的框与文档流无关，所以它们可以覆盖页面上的其他元素。可以通过设置 z-index 属性来控制这些框的叠放次序。

4.2.5 z-index 空间位置

z-index 属性用于调整定位时重叠块的上下位置，与它的名称一样，想象页面为 x-y 轴，垂直于页面的方向为 z 轴，z-index 值大的页面元素位于其值小的页面元素的上方。

z-index 属性值为整数，可以是正数也可以是负数。但块被设置了 position 属性时，该值便可设置各块之间的重叠高低关系。默认的 z-index 的值为 0，当两个块的 z-index 值一样时，将保留原有的高低覆盖关系，即后面的块覆盖前面的块。

【例 4-11】z-index 空间位置示例，如图 4-14 所示。

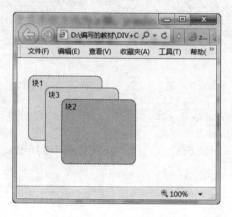

图 4-14　z-index 空间位置示例

源文件(char4\4-11.html)的代码如下：

```
<!DOCTYPE html>
<html>
<head>
<meta charset="utf-8">
<title>z-index 属性</title>
<style type="text/css">
<!--
body {
margin:10px;
font-family:Arial;
font-size:13px;
}
#block1 {
background-color:#fff0ac;
border:1px dashed #000000;
padding:5px;
width:120px;
height:100px;
position:absolute;
left:20px;
top:30px;
border-radius:10px;
z-index:-1;                    /* 高低值-1 */
}
```

```
#block2 {
background-color:#ffc24c;
border:1px dashed #000000;
padding:5px;
width:120px;
height:100px;
position:absolute;
left:80px;
top:70px;
border-radius:10px;
z-index:1;                        /* 高低值1 */
}
#block3 {
background-color:#c7ff9d;
border:1px dashed #000000;
width:120px;
height:100px;
padding:5px;
position:absolute;
left:50px;
top:50px;
border-radius:10px;
z-index:0;                        /* 高低值0 */
}
-->
</style>
</head>
<body>
<div id="block1">块 1</div>
<div id="block2">块 2</div>
<div id="block3">块 3</div>
</body>
</html>
```

该例中，分别对重叠关系块设置了 z-index 的值，块的叠放顺序按照 z-index 的值进行叠放，即 z-index 值小的在下，z-index 值大的在上。

4.2.6 CSS 的浮动

浮动的框可以向左或向右移动，直到它的外边缘碰到包含框或另一个浮动框的边框为止。由于浮动框不在文档的普通流中，所以文档的普通流中的块框表现得就像浮动框不存在一样。

【例 4-12】块的浮动，如图 4-15 所示。

(a) 不浮动的框　　　　　　　　　　(b) 框块1向右浮动

图4-15　块的浮动

源文件(char4\4-12-1.html 和 char4\4-12-2.html)的代码如下：

```
/*4-12-1.html*/
<!DOCTYPE html>
<html>
<head>
<meta charset="utf-8">
<title>DIV区块</title>
<style type="text/css">
<!--
body {
margin:10px;
font-family:Arial;
font-size:13px;
}
#block1 {
background-color:#fff0ac;
border:1px dashed #000000;
padding:5px;
width:120px;
height:100px;
}
#block2 {
background-color:#ffc24c;
border:1px dashed #000000;
padding:5px;
width:120px;
```

```
height:100px;
}
#block3 {
background-color:#c7ff9d;
border:1px dashed #000000;
width:120px;
height:100px;
padding:5px;
}
-->
</style>
</head>
<body>
<div id="block1">块 1</div>
<div id="block2">块 2</div>
<div id="block3">块 3</div>
</body>
</html>
```

将上例中的样式部分替换成下面的代码，区块生成浮动效果，如图 4-15(b)所示。

```
/*4-12-2.html*/
#block1 {
background-color:#fff0ac;
border:1px dashed #000000;
padding:5px;
width:120px;
height:100px;
float:right;
}
#block2 {
background-color:#ffc24c;
border:1px dashed #000000;
padding:5px;
width:120px;
height:100px;
}
#block3 {
background-color:#c7ff9d;
border:1px dashed #000000;
width:120px;
height:100px;
padding:5px;
}
```

当把框块 1 向右浮动时，它脱离文档流并且向右移动，直到它的右边缘碰到包含框的右边缘。

【例 4-13】设置三个框都向左浮动，如图 4-16 所示。

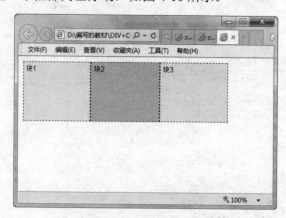

图 4-16   三个向左浮动的框

源文件(char4\4-13.html)的代码如下：

```
<!DOCTYPE html>
<html>
<head>
<meta charset="utf-8">
<title>DIV区浮动</title>
<style type="text/css">
<!--
body {
margin:10px;
font-family:Arial;
font-size:13px;
}
#block1 {
background-color:#fff0ac;
border:1px dashed #000000;
padding:5px;
width:120px;
height:100px;
float:left;        /*设置向左浮动*/
}
#block2 {
background-color:#ffc24c;
border:1px dashed #000000;
padding:5px;
width:120px;
height:100px;
float:left;        /*设置向左浮动*/
}
#block3 {
background-color:#c7ff9d;
border:1px dashed #000000;
```

```
width:120px;
height:100px;
padding:5px;
float:left;        /*设置向左浮动*/
}
-->
</style>
</head>
<body>
<div id="block1">块 1</div>
<div id="block2">块 2</div>
<div id="block3">块 3</div>
</body>
</html>
```

如果把所有 3 个框都向左移动，那么框 1 向左浮动直到碰到包含框，另外两个框向左浮动直到碰到前一个浮动框。

如果包含框或浏览器窗口太窄，无法容纳水平排列的 3 个浮动元素，那么其他浮动块向下移动，直到有足够的空间。如果浮动元素的高度不同，那么当它们向下移动时可能被其他浮动元素"卡住"。

在 CSS 中，我们通过 float 属性实现元素的浮动。以往这个属性总应用于图像，使文本围绕在图像周围，不过在 CSS 中，任何元素都可以浮动。浮动元素会生成一个块级框，而不论它本身是何种元素。

如果浮动非替换元素，则要指定一个明确的宽度；否则，它们会尽可能地窄。

注意： 假如在一行之上只有极少的空间可容纳浮动元素，那么这个元素会跳至下一行，这个过程会持续到某一行拥有足够的空间为止。

【例 4-14】利用浮动属性，制作首字符的放大效果，如图 4-17 所示。

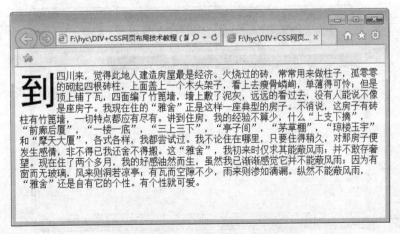

图 4-17　首字放大的效果

源文件(char4\4-14.html)的代码如下：

```
<!DOCTYPE html>
<html>
<head>
<meta charset="utf-8">
<title>首字放大效果</title>
<style type="text/css">
span {
float:left;
font-size:400%;
font-family:黑体;
}
</style>
</head>

<body>
<p><span>到</span>四川来，觉得此地人建造房屋最是经济。火烧过的砖，常常用来做柱子，孤
零零的砌起四根砖柱，上面盖上一个木头架子，看上去瘦骨嶙峋，单薄得可怜；但是顶上铺了瓦，
四面编了竹篾墙，墙上敷了泥灰，远远的看过去，没有人能说不像是座房子。我现在住的"雅舍"
正是这样一座典型的房子。不消说，这房子有砖柱有竹篾墙，一切特点都应有尽有。讲到住房，我
的经验不算少，什么"上支下摘"，"前廊后厦"，"一楼一底"，"三上三下"，"亭子间"，
"茅草棚"，"琼楼玉宇"和"摩天大厦"，各式各样，我都尝试过。我不论住在哪里，只要住得
稍久，对那房子便发生感情，非不得已我还舍不得搬。这"雅舍"，我初来时仅求其能蔽风雨；并
不敢存奢望。现在住了两个多月，我的好感油然而生，虽然我已渐渐感觉它并不能蔽风雨；因为有
窗而无玻璃，风来则洞若凉亭；有瓦而空隙不少，雨来则渗如滴漏。纵然不能蔽风雨，"雅舍"还
是自有它的个性。有个性就可爱。
</p>
</body>
</html>
```

【例 4-15】使用具有一栏超链接的浮动框来创建水平菜单，效果如图 4-18 所示。

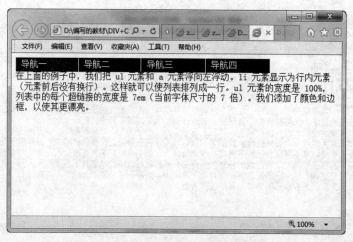

图 4-18　导航栏的制作

源文件(char4\4-15.html)的代码如下:

```html
<!DOCTYPE html>
<html>
<head>
<meta charset="utf-8">
<title>导航菜单</title>
<style type="text/css">
    ul {
        float:left;
        width:100%;
        padding:0;
        margin:0;
        list-style-type:none;
        }
    a {
        float:left;
        width:6em;
        text-decoration:none;
        color:white;
        background-color:purple;
        padding:0.2em 0.6em;
        border-right:1px solid white;
        }
    a:hover {background-color:#ff3300}
    li {display:inline}
</style>
</head>

<body>
    <ul>
        <li><a href="#">导航一</a></li>
        <li><a href="#">导航二</a></li>
        <li><a href="#">导航三</a></li>
        <li><a href="#">导航四</a></li>
    </ul>
    <p>在上面的例子中，我们把 ul 元素和 a 元素浮向左浮动。li 元素显示为行内元素(元素
前后没有换行)。这样就可以使列表排列成一行。ul 元素的宽度是 100%，列表中的每个超链接的
宽度是 7em(当前字体尺寸的 7 倍)。我们添加了颜色和边框，以使其更漂亮。</p>
</body>
</html>
```

CSS 定位属性总结见表 4-4。

表 4-4 CSS 定位属性

属 性	描 述
position	把元素放置到一个静态的、相对的、绝对的或固定的位置中
top	定义一个定位元素的上外边距边界与其包含块上边界之间的偏移
right	定义定位元素右外边距边界与其包含块右边界之间的偏移
bottom	定义定位元素下外边距边界与其包含块下边界之间的偏移
left	定义定位元素左外边距边界与其包含块左边界之间的偏移
overflow	设置当元素的内容溢出其区域时发生的事情
clip	设置元素的形状。元素被剪入这个形状之中，然后显示出来
vertical-align	设置元素的垂直对齐方式
z-index	设置元素的堆叠顺序

4.3 CSS 的定位实例

【例 4-16】文本中垂直排列图像，如图 4-19 所示。

图 4-19 文本中垂直排列图像

源文件(char4\4-16.html)的代码如下：

```
<!DOCTYPE html>
<html>
<head>
<meta charset="utf-8">
<title>文本中垂直排列图像</title>
<style type="text/css">
<!--
img.top {vertical-align:text-top}
img.bottom {vertical-align:text-bottom}
```

```
-->
</style>
</head>
<body>
<p>这是一幅<img class="top"  src="images/cute.gif" />位于段落中的图像。</p>
<p>这是一幅<img class="bottom"  src="images/cute.gif" />位于段落中的图像。</p>
</body>
</html>
```

【例 4-17】使用滚动条来显示元素内溢出的内容，如图 4-20 所示。

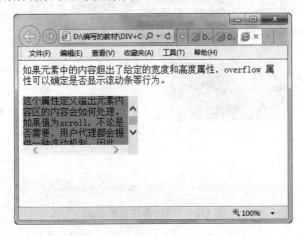

图 4-20　内容溢出显示滚动条

源文件(char4\4-17.html)代码如下：

```
<!DOCTYPE html>
<html>
<head>
<meta charset="utf-8">
<title>内容溢出显示滚动条</title>
<style type="text/css">
div
{
background-color:#cc99cc;
width:200px;
height:100px;
overflow: scroll  /*溢出的内容加滚动条*/
}
</style>
</head>
<body>
<p>如果元素中的内容超出了给定的宽度和高度属性，overflow 属性可以确定是否显示滚动条等
行为。</p>
<div>
```

这个属性定义溢出元素内容区的内容会如何处理。如果值为 scroll，不论是否需要，用户代理都会提供一种滚动机制。因此，有可能即使元素框中可以放下所有内容也会出现滚动条。默认值是 visible。

```
</div>
</body>
</html>
```

【例 4-18】隐藏溢出元素中溢出的内容，如图 4-21 所示。

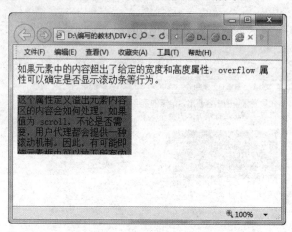

图 4-21   溢出的内容被隐藏

源文件(char4\4-18.html)的代码如下：

```
<!DOCTYPE html>
<html>
<head>
<meta charset="utf-8">
<title>内容溢出被隐藏</title>
<style type="text/css">
div {
background-color: #4c8f2e;
width:200px;
height:100px;
overflow: hidden;
}
</style>
</head>
<body>
<p>如果元素中的内容超出了给定的宽度和高度属性，overflow 属性可以确定是否显示滚动条等
行为。</p>
<div>这个属性定义溢出元素内容区的内容会如何处理。如果值为 scroll，不论是否需要，用户
代理都会提供一种滚动机制。因此，有可能即使元素框中可以放下所有内容也会出现滚动条。默认
值是 visible。</div>
</body>
</html>
```

【例 4-19】设置文字的阴影效果，如图 4-22 所示。

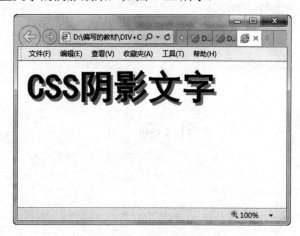

图 4-22 文字的阴影效果

源文件(char4\4-19.html)的代码如下：

```
<!DOCTYPE html>
<html>
<head>
<meta charset="utf-8">
<title>文字阴影效果</title>
<style type="text/css">
<!--
body {
margin:15px;
font-family:黑体;
font-size:44pt;
font-weight:bold;
}
#block1 {
position:relative;
z-index:1;
}
#block2 {
color:#999;          /* 阴影颜色 */
position:relative;
top:-1.07em;              /* 移动阴影 */
left:0.07em;
z-index:0;           /* 阴影重叠关系 */
}
-->
</style>
</head>

<body>
```

```
<div id="father">
<div id="block1">CSS 阴影文字</div>
<div id="block2">CSS 阴影文字</div>
</div>
</body>
</html>
```

习 题 4

1. 选择题

(1) CSS 利用什么 XHTML 标记构建网页布局? ( )

    A. <dir>   B. <div>   C. <dis>   D. <dif>

(2) 在 CSS 语言中下列哪一项是"左边框"的语法? ( )

    A. border-left-width: <值>   B. border-top-width: <值>

    C. border-left: <值>   D. border-top-width: <值>

(3) 下列哪个 CSS 属性能设置盒模型的内边距为 10、20、30、40(顺时针方向)? ( )

    A. padding:10px 20px 30px 40px   B. padding:10px 1px

    C. padding:5px 20px 10px   D. padding:10px

(4) 下列哪个属性能够设置盒模型的左侧外边距? ( )

    A. margin: B. indent: C. margin-left: D. text-indent:

(5) 定义盒模型外边距的时候是否可以使用负值? ( )

    A. 是   B. 否

(6) 下列哪个样式定义后,行内(非块状)元素可以定义宽度和高度? ( )

    A. display:inline   B. display:none

    C. display:block   D. display:inheric

(7) 选出你认为最合理的定义标题的方法。( )

    A. <span class="heading">文章标题</span>

    B. <p><b>文章标题</b></p>

    C. <h1>文章标题</h1>

    D. <strong>文章标题</strong>

(8) br 标签在 XHTML 中语义为( )。

    A. 换行   B. 强调   C. 段落   D. 标题

2. 思考与回答

(1) 简述你对 CSS 盒子模式(框模型)的理解。

(2)　CSS 框模型边框样式的值包括哪些？

(3)　简述 CSS 的定位机制。

上机实验 4

1. 实验目的

熟悉并掌握框模型的概念；掌握 CSS 定位技术；掌握 z-index 空间位置。

2. 实验内容

(1)　在记事本中调试书上的各个实例。

(2)　参考图 4-23 的样式，制作一个页面。要求通过 z-index 的值设置图片的叠放顺序。

(3)　要求编写的代码符合 HTML5 格式要求。

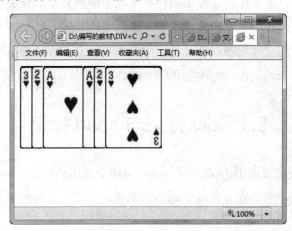

图 4-23　实验样图

第 5 章　DIV+CSS 布局基础

本章要点

- CSS+DIV 排版观念
- 固定宽度居中版式
- 自适应宽度版式
- 常用的 CSS+DIV 布局的基本框架结构
- 一个排版实例

在做网页设计时，能否控制好各个模块在页面中的位置是非常关键的。在前面的章节中，已经对 CSS 的基本使用有了一定的了解。本章在此基础上对 CSS 排版的整体思路、两种具体的排版结构、淘宝商城网页的几种排版制作，以及与传统表格排版方法的比较进行介绍；并介绍重要的 div 标记，讲解利用 CSS+DIV 对页面元素进行定位的方法。

5.1　div 标记与 span 标记

在使用 CSS 排版的页面中，<div>与<span>是两个常用的标记。利用这两个标记，加上 CSS 对其样式的控制，可以很方便地实现各种效果。本节从二者的概念出发，介绍这两个标记的用法和区别。

5.1.1　div 标记与 span 标记概述

<div>标记早在 HTML 3.0 时代就已经出现，但那时并不常用，直到 CSS 的出现，才逐渐发挥它的优势。而<span>标记直到 HTML 4.0 时才被引入，它是专门针对样式表而设计的标记。

<div>(division)简单而言是一个区块容器标记，即<div>与</div>之间相当于一个容器，可以容纳段落、标题、表格、图片等各种 HTML 元素。

可以把<div>与</div>中的内容视为一个独立的对象，用于 CSS 的控制。声明时只需要对<div>进行相应的控制，其中的各标记元素都会随之改变。div 是一个通用的块级元素，用它可以容纳各种元素，从而方便排版。

【例 5-1】div 应用示例。

源文件(char5\5-1.html)的代码如下：

```
<html>
<head>
<title>div 标记范例</title>
<style type="text/css">
div {
font-size:18px;                    /* 字号大小 */
font-weight:bold;                  /* 字体粗细 */
font-family:Arial;                 /* 字体 */
color:#00F;                        /* 颜色 */
background-color:#CCC;             /* 背景颜色 */
text-align:center;                 /* 对齐方式 */
width:300px;                       /* 块宽度 */
height:100px;                      /* 块高度 */
border: solid 2px #FF0000;         /* 边框 */
padding:5px;                       /* 内部边距 */
}
</style>
</head>

<body>
<div> 这是一个div 标记 </div>
</body>
</html>
```

通过 CSS 对<div>块的控制，制作了一个宽为 300 像素、高为 100 像素的区块，并进行了文字效果的相应设置，在 IE 浏览器中的执行结果如图 5-1 所示。

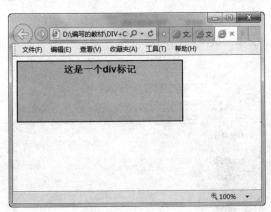

图 5-1 使用 div 区块

<span>标记与<div>标记一样，作为容器标记而被广泛应用在 HTML 中。

在<span>与</span>中间同样可以容纳各种 HTML 元素，从而形成独立的对象。如果把<div>替换成<span>，样式表中把 div 替换成 span，执行后就会发现效果完全一样。可以说<span>标记与<div>这两个标记起到的作用都是独立出各个区块，在这个意义上说二者没有不同。

5.1.2 <div>与<span>标记的区别

两者的区别在于，<div>是一个块级元素，它包围的元素会自动换行。而<span>仅仅是一个行内元素，在它的前后不会换行。<span>没有结构上的意义，纯粹是应用样式，当其他行内元素都不合适时，就可以使用<span>元素。

此外，<span>标记可以包含在<div>标记之中，成为它的子元素，而反过来则不成立，即<span>标记不能包含<div>标记。

【例 5-2】< div>与<span>标记的区别。

源文件(char5\5-2.html)的代码如下：

```
<html>
<head>
<meta http-equiv="Content-Type" content="text/html; charset=gb2312" />
<title>div 与 span 的区别</title>
</head>
<body>
<p>div 标记换行：</p>
<div><img src="images/20.jpg" border="0"></div>
<div><img src="images/20.jpg" border="0"></div>
<p>span 标记不换行：</p>
<span><img src="images/20.jpg" border="0"></span>
<span><img src="images/20.jpg" border="0"></span>
</body>
</html>
```

执行结果如图 5-2 所示。<div>标记的两幅图片分在了两行中，而<span>标记的两幅图片没有换行。

图 5-2 <div>与<span>标记的区别

5.2　CSS 的排版观念

CSS 布局是一种很新的布局理念，完全有别于传统的布局习惯。它将页面首先在整体上进行<div>标记分块，然后对各个块进行 CSS 定位，最后在各个块中添加相应的内容。通过 CSS 排版的页面，更新网页变得十分容易，甚至是页面的拓扑结构都可以通过修改 CSS 属性来重新定位。

5.2.1　将页面用 div 分块

CSS 排版要求设计者首先对页面有一个整体的框架的规划，包括整个页面分为哪些模块，各个模块之间的父子关系等。以最简单的网页结构为例，页面由标题(Banner)、主题内容(Content)、菜单导航(Links)和页脚(Footer)几部分组成，各个部分分别用自己的 id 来标识，整体内容如图 5-3 所示。

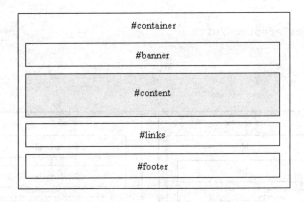

图 5-3　页面内容框架

图 5-3 中的每个色块都是一个<div>，这里直接用 CSS 的 id 表示方法来表示各块。页面的所有 div 块都属于#container 块，一般 div 布局都会在最外面加上这么一个父 div，便于对页面的整体进行调整。对于每个子 div 块，还可以再加入各种块元素或者行内元素，使得页面的排版符合实际需要，以#content 和 links 为例，如图 5-4 所示。

在图 5-4 中同样采用 CSS 的类别方法 class 来表示各个内容部分，#content 用于页面主体部分的内容，#links 为导航菜单，这里暂不对各个细节区域做讨论。此时页面的 HTML 框架代码如例 5-3 所示。

【例 5-3】页面的 div 分块。

源文件(char5\5-3.html)的代码如下：

```
<!DOCTYPE html PUBLIC "-//W3C//DTD XHTML 1.0 Transitional//EN"
"http://www.w3.org/TR/xhtml1/DTD/xhtml1-transitional.dtd">
```

```
<html xmlns="http://www.w3.org/1999/xhtml">
<head>
<meta http-equiv="Content-Type" content="text/html; charset=gb2312" />
<title>CSS 排版</title>
</head>
<body>
<div id="container">
<div id="banner">banner</div>
<div id="content">
<div class="blog">
<div class="date">date</div>
<div class="blogcontent"></div>
</div>
<div class="others">others</div>
</div>
<div id="links">
<div class="calendarhead"></div>
<div class="syndicate"></div>
<div class="friends"></div>
</div>
<div id="footer">footer</div>
</div>
</body>
</html>
```

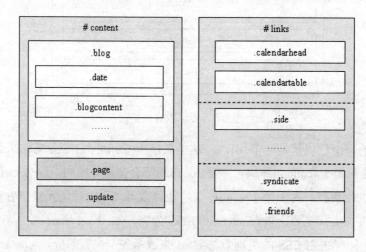

图 5-4　子块的内容

5.2.2　设计各块的位置

当页面的内容已经确定后，则需要根据内容本身考虑整体的页面版型，例如单栏、双栏或左中右等。这里考虑导航条的易用性，采用左右两栏模式，如图 5-5 所示。

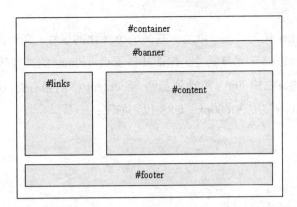

图 5-5　各块的位置

在整个的#container 框架中页面的 banner 在最上方，然后是导航条#links 与内容#content，二者在页面的中部，其中#content 占据整个页面的主体。最下方是页面的脚注#footer，用于显示版权信息和注册日期等。

有了页面的整体布局后，便可以用 CSS 对各个 div 块进行定位了，下面将介绍如何用 CSS 对 div 块进行定位。

5.2.3　用 CSS 定位

整理好页面的框架后，可以利用 CSS 对各个块进行定位，实现对页面的整体规划，然后再往各块中添加内容。首先对<body>标记和#container 父块进行设置，CSS 代码如下：

```
body {
margin:0px;
font-size:13px;
font-family:Arial;
}
#container {
position:relative;
width:800px;
}
```

以上设置了页面文字的字号、字体以及父块的宽度，让其撑满整个浏览器，接下来设置#banner 块，CSS 代码如下：

```
#banner {
height:80px;
border:1px solid #000000;
text-align:center;
background-color:#a2d9ff;
padding:10px;
margin-bottom:2px;
}
```

这里设置了#banner 块的高度,以及一些其他个性化的设置,当然读者可以根据自己的需要进行调整。如果#banner 本身就是一幅图片,那么#banner 的高度就不需要设置。

利用 float 浮动的方法将#links 移动到左侧,#content 移动到右侧,这里指定#links 的宽度占 190px,#content 的宽度占 600px。CSS 代码如下:

```
#content {
float:right;
width:600px;
text-align:center;
border:1px solid #000000;
}
#links {
float:left;
width:190px;
border:1px solid #000000;
text-align:center;
}
```

由于#content 和#links 都设置了浮动属性,因此#footer 需要设置 clear 属性,使其不受浮动影响,CSS 代码如下:

```
#footer {
clear:both;                 /* 不受 float 影响 */
text-align:center;
height:30px;
padding:10px;
margin-top:2px;
border:1px solid #000000;
background-color:#CCCCCC;
}
```

经过调整,页面的效果如图 5-5 所示。特别地,如果后期维护时希望#links 的位置和#content 对调,仅仅只需将#links 和#content 属性中的 float 里的 left 改成 right、将 right 改成 left 即可,这是传统表格排版所不可能简单实现的,这正是 CSS 排版的魅力之一。

本例中,介绍的是针对固定宽度的页面排版,对于非固定宽度的页面排版,CSS 定位比较复杂,读者可参看相关的参考书。

5.3 固定宽度且居中的版式

固定宽度居中版式是网络中最常见的排版方式之一,本节利用 CSS 排版的方式制作这种通用的结构,重点介绍一列固定宽度居中和二列固定宽度居中的网页布局版式。

5.3.1 一列固定宽度居中

页面整体居中是网页设计中最普遍应用的形式，在传统表格布局中，我们使用表格的 align="center"属性来实现居中。div 本身也支持 align="center"属性，也可以让 div 呈现居中状态，但 CSS 布局是为了实现表现和内容的分离，而 align 对齐属性是一种样式代码，书写在 XHTML 的 div 属性之中有违分离原则(分离可以使网站更加利于管理)，因此应当用 CSS 实现内容的居中。

我们以固定宽度一列布局代码为例，为其增加居中的 CSS 样式：

```
#layout {
border: 2px solid #A9C9E2;
background-color: #E8F5FE;
height: 200px;
width: 300px;
margin:0 auto;
}
```

margin 属性用于控制对象的上、右、下、左 4 个方向的外边距，当 margin 使用两个参数时，第一个参数表示上下边距，第二个参数表示左右边距。除了直接使用数值之外，margin 还支持一个值叫 auto，auto 值是让浏览器自动判断边距。在这里，我们给当前 div 的左右边距设置为 auto，浏览器就会将 div 的左右边距设为相等，并呈现为居中状态，从而实现了居中效果。

【例 5-4】一列固定宽度居中。

源文件(char5\5-4.html)的代码如下：

```
<!DOCTYPE html PUBLIC "-//W3C//DTD XHTML 1.0 Transitional//EN"
"http://www.w3.org/TR/xhtml1/DTD/xhtml1-transitional.dtd">
<html xmlns="http://www.w3.org/1999/xhtml">
<head>
<meta http-equiv="Content-Type" content="text/html; charset=gb2312" />
<title>一列固定宽度居中</title>
<style type="text/css">
<!--
#layout {
border: 2px solid #A9C9E2;
background-color: #E8F5FE;
height: 200px;
width: 300px;
margin:0 auto;
}
-->
</style>
```

```
</head>

<body>
<div id="layout">一列固定宽度居中</div>
</body>
</html>
```

其执行结果如图 5-6 所示。在浏览器中居中显示一个宽为 300px、高为 200px 的区块。

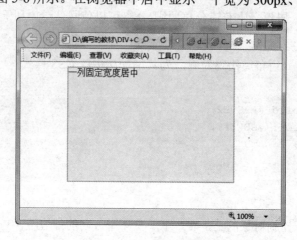

图 5-6　一列固定宽度居中

5.3.2　二列固定宽度居中

有了一列固定宽度作为基础，二列固定宽度就非常简单，我们知道 div 用于对某一个区域的标识，而二列的布局，自然需要用到两个 div。XHTML 代码如下：

```
<div id="left">左列</div>
<div id="right">右列</div>
```

新的代码结构中使用了两个 id，分别为 left 和 right，表示两个 div 的名称，我们所需要做的是，首先设置它们的宽度，然后让两个 div 在水平行中并排显示，从而形成二列式的布局。

在一列固定宽度之中，我们使用 margin:0px auto;这样的设置，使一个 div 得以达到居中显示，而二列分栏中，需要控制的是左分栏的左边与右分栏的右边相等，因此使用 margin:0px auto;似乎不能够达到这样的效果，这时就需要进行 div 的嵌套式设计来完成了，可以使用一个居中的 div 作为容器，将二列分栏的两个 div 放置在容器中，从而实现二列的居中显示。

而为了实现二列式布局，我们使用了一个全新的属性——float。float 属性是 CSS 布局中非常重要的一个属性，用于控制对象的浮动布局方式，大部分 div 布局基本上都通过 float 的控制来实现布局，float 的可选参数为：none、left 和 right。

float 使用 none 值时表示对象不浮动，而使用 left 时，对象将向左浮动，例如本例中的 div 使用了 float:left;之后，右侧的内容将流到当前对象的右侧。使用 right 时，对象将向右浮动，如果将#left 的 float 值设置为 right，将使得#left 对象浮动到网页右侧，而#right 对象则由于 float:left;属性浮动到网页左侧。

这样，在动用了简单的 float 属性之后，二列固定宽度的布局就能够完整地显示出来。

【例 5-5】二列固定宽度且居中。

源文件(char5\5-5.html)的代码如下：

```
<!DOCTYPE html PUBLIC "-//W3C//DTD XHTML 1.0 Transitional//EN"
"http://www.w3.org/TR/xhtml1/DTD/xhtml1-transitional.dtd">
<html xmlns="http://www.w3.org/1999/xhtml">
<head>
<meta http-equiv="Content-Type" content="text/html; charset=gb2312" />
<title>二列固定宽度居中</title>
<style type="text/css">
<!--
#layout {
width: 404px;
margin: 0 auto;
}
#left {
background-color: #E8F5FE;
border: 1px solid #A9C9E2;
float: left; /*向左浮动*/
height: 300px;
width: 200px;
}
#right {
background-color: #F2FDDB;
border: 1px solid #A5CF3D;
float: left; /*向左浮动*/
height: 300px;
width: 200px;
}
-->
</style>
</head>
<body>
<div id="layout">
<div id="left">左列</div>
<div id="right">右列</div>
</div>
</body>
</html>
```

其执行结果如图 5-7 所示。在浏览器中居中显示两个宽为 300px、高为 200px 的区块。

#layout 有了居中的属性，自然里边的内容也能够做到居中，这里的问题在于#layout 的宽度定义，将#layout 的宽度设定为 404px。因为前面的介绍中已经讲过，一个对象真正的宽度是由它的各种属性相加而成，而 left 的宽度为 200px，但左右都有 1px 的边距，因此实际宽度是 202px，right 对象同样如此。为了让 layout 作为容器能够装下它们两个，宽度则变为了 left 和 right 的实际宽度和，便设定为 404px，这样，就实现了二列居中显示。

二列宽度居中在实际网站上应用是非常广泛的。

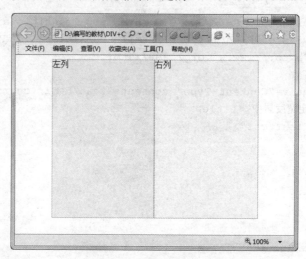

图 5-7　二列固定宽度居中

5.4　自适应宽度且居中的版式

自适应布局是网页设计中常见的布局形式，自适应的布局能够根据浏览器窗口的大小，自动改变其宽度和高度值，是一种非常灵活的布局形式。良好的自适应布局网站对不同分辨率的显示器都能提供最好的显示效果。

5.4.1　一列自适应宽度且居中

实际上 div 默认状态是占据整行的空间，便是宽度为 100%的自适应布局的表现形式，一列自适应布局非常简单，只需要将宽度由固定值改为百分比值的形式即可。代码如下：

```
#layout {
border: 2px solid #A9C9E2;
background-color: #E8F5FE;
height: 200px;
width: 80%;
}
```

CSS 在大部分用数值作为参数的样式属性都提供了百分比，width 宽度属性也不例外。在这里我们将宽度由一列固定宽度的 300px，改为 80%，从下边的预览效果中可以看到，div 的宽度已经变为了浏览器宽度的 80%的值。自适应的优势就是当扩大或缩小浏览器窗口大小时，其宽度还将维持在与浏览器当前宽度的比例。

【例 5-6】一列自适应宽度且居中。

源文件(char5\5-6.html)的代码如下：

```
<!DOCTYPE html PUBLIC "-//W3C//DTD XHTML 1.0 Transitional//EN"
"http://www.w3.org/TR/xhtml1/DTD/xhtml1-transitional.dtd">
<html xmlns="http://www.w3.org/1999/xhtml">
<head>
<meta http-equiv="Content-Type" content="text/html; charset=gb2312" />
<title>一列自适应宽度且居中</title>
<style type="text/css">
<!--
#layout {
border: 2px solid #A9C9E2;
background-color: #E8F5FE;
height: 200px;
width: 80%;
margin: auto;
}
-->
</style>
</head>
<body>
<div id="layout">一列自适应宽度且居中</div>
</body>
</html>
```

其执行结果如图 5-8 所示。在浏览器中居中显示一个宽度为浏览器窗口的 80%、高度为 200px 的区块。不管浏览器窗口的大小如何，区块的宽度始终是浏览器窗口的 80%。

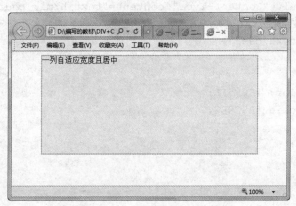

图 5-8　一列自适应宽度且居中

5.4.2 二列宽度自适应

从二列固定宽度入手开始尝试二列布局的情况下，左右栏宽度能够做到自适应。从一列自适应布局中我们知道，设定自适应主要通过宽度的百分比值设置，因此在二列宽度自适应的布局中也同样是对百分比宽度值的设计，继续沿用上面的 CSS 代码，可重新定义二列的宽度值：

```
#left {
background-color: #E8F5FE;
border: 1px solid #A9C9E2;
float: left;
height: 300px;
width: 20%;
}
#right {
background-color: #F2FDDB;
border: 1px solid #A5CF3D;
float: left;
height: 300px;
width: 70%;
}
```

左栏宽度设置为宽度的 20%，右栏宽度设置为宽度的 70%，看上去像一个左侧为导航，右侧为内容的常见网页形式。

【例 5-7】二列自适应宽度。

源文件(char5\5-7.html)的代码如下：

```
<!DOCTYPE html PUBLIC "-//W3C//DTD XHTML 1.0 Transitional//EN"
"http://www.w3.org/TR/xhtml1/DTD/xhtml1-transitional.dtd">
<html xmlns="http://www.w3.org/1999/xhtml">
<head>
<meta http-equiv="Content-Type" content="text/html; charset=gb2312" />
<title>二列宽度自适应</title>
<style type="text/css">
<!--
#left {
background-color: #E8F5FE;
border: 1px solid #A9C9E2;
float: left;
height: 300px;
width: 20%;
}
#right {
background-color: #F2FDDB;
```

```
border: 1px solid #A5CF3D;
float: left;
height: 300px;
width: 70%;
}
-->
</style>
</head>
<body>
<div id="left">左列——</div>
<div id="right">右列——二列宽度自适应</div>
</body>
</html>
```

执行结果如图 5-9 所示。

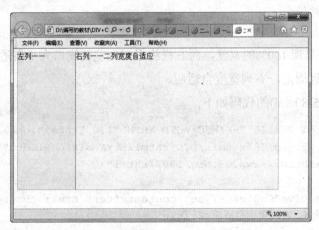

图 5-9　二列自适应宽度

为什么没有将右栏设置为 80%，从而实现整体 100%的效果？

这个问题的原因还得从对象的其他属性说起，大家应该还记得，为了使布局在预览中更清楚，我们使用了 border 属性，使得两个对象都具有 1px 的边框，而在 CSS 布局中，一个对象的宽度不仅仅由 width 值来决定，一个对象的真实宽度是由对象本身的宽、对象的左右边距，以及左右边框，还有内边距这些属性相加而成，因此左面的对象不仅仅是浏览器窗口的 20%的宽度，还应该加上左边的边框的宽度。这样算下来左右栏都超出了自身的百分比宽度，最终的宽度也超过了浏览器窗口的宽度，因此右栏将被挤掉在第二行显示，从而失去了左右分栏的效果，因此这里使用了并非 100%的宽度之和，而在实际应用之中，可以通过避免边框及边距的使用，而达到左右与浏览器填满的效果。

5.4.3　左列固定，右列宽度自适应

在实际应用中，有时候需要左栏固定宽度，右栏根据浏览器窗口大小自动适应。在 CSS

中实现这样的布局方式是简单可行的，只要设置左栏的宽度即可，如上例中左右栏都采用了百分比实现了宽度自适应，而我们只须将左栏宽度设定为固定值，右栏不设置任何宽度值，并且右栏不浮动，代码如下：

```
#left {
background-color: #E8F5FE;
border: 1px solid #A9C9E2;
float: left;
height: 300px;
width: 200px;
}
#right {
background-color: #F2FDDB;
border: 1px solid #A5CF3D;
height: 300px;
}
```

这样，左栏将呈现 100%的宽度，而右栏将根据浏览器窗口大小自适应。

【例 5-8】左列固定，右列宽度自适应。

源文件(char5\5-8.html)的代码如下：

```
<!DOCTYPE html PUBLIC "-//W3C//DTD XHTML 1.0 Transitional//EN"
"http://www.w3.org/TR/xhtml1/DTD/xhtml1-transitional.dtd">
<html xmlns="http://www.w3.org/1999/xhtml">
<head>
<meta http-equiv="Content-Type" content="text/html; charset=gb2312" />
<title>左列固定，右列宽度自适应</title>
<style type="text/css">
<!--
#left {
background-color: #E8F5FE;
border: 1px solid #A9C9E2;
float: left;
height: 300px;
width: 200px;
}
#right {
background-color: #F2FDDB;
border: 1px solid #A5CF3D;
height: 300px;
}
-->
</style>
</head>
<body>
<div id="left">左列——固定</div>
```

```
<div id="right">右列——宽度自适应</div>
</body>
</html>
```

其执行结果如图 5-10 所示。不管浏览器大小如何改变，左侧宽度固定，右侧宽度随浏览器的宽度而改变。

二列右列宽度自适应经常在网站中用到，不仅是右列，也可以是左列，方法是一样的，只需要改变两个 div 的编写即可，而这种应用在目前的许多博客中都能够经常看到。

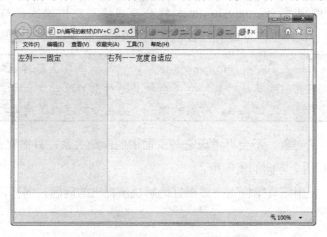

图 5-10　左列固定，右列宽度自适应

5.4.4　三列浮动中间列宽度自适应

使用浮动定位方式，从一列到多列的固定宽度及自适应基本上可以简单完成，包括三列的固定宽度。而在这里给我们提出了一个新的要求，希望有一个三列式布局，其中左栏要求固定宽度，并居左显示，右栏要求固定宽度并居右显示，而中间栏需要在左栏和右栏的中间，根据左右栏的间距变化自动适应。这给布局提出了一个新的要求，而且单纯使用 float 属性与百分比属性并不能够实现，CSS 目前还不支持百分比的计算精确到考虑左栏和右栏的占位，如果对中间栏使用 100% 宽度，它将使用浏览器窗口的宽度，而非左栏与右栏的中间间距，因此需要新的思路来考虑这个问题。

在开始这样的三列布局之前，有必要了解一个新的定位方式——绝对定位。

前面的浮动定位方式主要由浏览器根据对象的内容自动进行浮动方向的调整，但是这种方式不能满足定位需求时，就需要新的方法来实现。CSS 提供的除去浮动定位之外的另一种定位方式就是绝对定位，绝对定位使用 position 属性来实现。

position 用于设置对象的定位方式。可用值：static、absolute 和 relative。

对页面中的每一个对象而言，默认的 position 属性都是 static。

如果将对象设置为 position:absolute，对象将脱离文档流，根据整个页面的位置进行重新定位。当使用此属性时，可以使用 top、right、bottom、left 即上右下左四个方向的距离值，以确定对象的具体位置，参看如下 CSS 代码：

```
#layout {
position:absolute;
top:20px;
left:0px;
}
```

如果#layout 使用了 position:absolute; 将会变成绝对定位模式，与此同时，当设置 top:20px;时，将永远离浏览器窗口上方 20px，而 left:0px;将保证离浏览器左边距为 0px。

> **注意：** 一个对象如果设置了"position:absolute;"，它将从本质上与其他对象分离出来，它的定位模式不会影响其他对象，也不会被其他对象的浮动定位所影响，从某种意义上说，使用了绝对定位之后，对象就像一个图层一样浮在了网页之上。

绝对定位之后的对象，不会再考虑它与页面中的浮动关系，只需要设置对象的 top、right、bottom、left 四个方向的值即可。

而在本例中，使用绝对定位则能够很好地解决所提出的问题。同样，使用 3 个 div 形成 3 个分栏结构：

```
#left {
background-color: #E8F5FE;
border: 1px solid #A9C9E2;
height: 200px;
width: 150px;
position: absolute;
top: 0px;
left: 0px;
}
#right {
background-color: #FFE7F4;
border: 1px solid #F9B3D5;
height: 200px;
width: 150px;
position: absolute;
top: 0px;
right: 0px;
}
```

这样，左栏将距左边 left:0px; 贴着左边缘进行显示，而右栏则将由 right:0px;使得右栏居右显示，而中间的#center 将使用普通的 CSS 样式：

```
#center {
background-color: #F2FDDB;
border: 1px solid #A5CF3D;
```

```
height: 200px;
margin-right: 152px;
margin-left: 152px;
}
```

对于#center，可不需要再设定其浮动方式，只需要让它有左边外边距永远保持#left 与#right 的宽度，便实现了两边各让出 202px 的自适应宽度,而左右两边让的距离,刚好让#left和#right 显示在这个空间中，从而实现了要求。

【例 5-9】三列浮动中间列宽度自适应。

源文件(char5\5-9.html)的代码如下：

```
<!DOCTYPE html PUBLIC "-//W3C//DTD XHTML 1.0 Transitional//EN"
"http://www.w3.org/TR/xhtml1/DTD/xhtml1-transitional.dtd">
<html xmlns="http://www.w3.org/1999/xhtml">
<head>
<meta http-equiv="Content-Type" content="text/html; charset=gb2312" />
<title>三列左右固定宽度中间自适应</title>
<style>
body {
margin:0px;            /*清除掉 body 默认的边界，这样不会影响到三列的显示 */
}
#left {
background-color: #E8F5FE;
border: 1px solid #A9C9E2;
height: 200px;
width: 150px;
position: absolute;
top: 0px;
left: 0px;
}
#center {
background-color: #F2FDDB;
border: 1px solid #A5CF3D;
height: 200px;
margin-right: 152px;
margin-left: 152px;
}
#right {
background-color: #FFE7F4;
border: 1px solid #F9B3D5;
height: 200px;
width: 150px;
position: absolute;
top: 0px;
right: 0px;
}
```

```
</style>
</head>
<body>
<div id="left">左列—宽度固定</div>
<div id="center">中列—宽度自适应</div>
<div id="right">右列—宽度固定</div>
</body>
</html>
```

其执行结果如图 5-11 所示。

不管浏览器大小如何改变，左侧宽度和右侧宽度始终保持不变，而中间宽度随浏览器的宽度而改变。

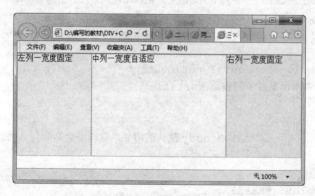

图 5-11　左列固定，右列固定，中列宽度自适应

5.5　一个常用的 DIV+CSS 网站布局的基本框架结构实例

上面介绍的还是用 DIV+CSS 搭建基本的框架，下面介绍一个用 DIV+CSS 制作的基本框架结构，通过 HTML 引用 CSS 外部样式文件的方式来使用 CSS 样式。

5.5.1　搭建框架

【例 5-10】HTML 页面结构代码。

源文件(char5\5-10.html)的代码如下：

```
<html>
<head>
<meta http-equiv="Content-Type" content="text/html; charset=utf-8" />
<title>常用的 DIV+CSS 网站布局的基本框架结构—完整版</title>
<link href="css/layout.css" rel="stylesheet" type="text/css" />
</head>
<body>
<div id="container">
```

```
<div id="header">
<h1>头部</h1>
</div>
<div class="clearfloat"></div>
<div id="nav">
<ul>
<li><a href="#">导航一</a></li>
<li><a href="#">导航二</a></li>
<li><a href="#">导航三</a></li>
<li><a href="#">导航四</a></li>
<li><a href="#">导航五</a></li>
</ul>
</div>
<div id="mainContent">
<div id="side">
<div class="sidebox">
<h4>块标题</h4>
<ul>块内容</ul>
</div>
</div>
<div id="main">
<div class="mainbox">
<h4>块标题</h4>
<ul>块内容</ul>
</div>
</div>
</div>
<div class="clearfloat"></div>
<div id="footer">底部</div>
</div>
</body>
</html>
```

5.5.2　添加 CSS 样式

CSS 样式表 layout.css 代码。

源文件(char5\css\layout.css)的代码如下：

```
/*body*/
body {
margin:0 auto;
font-size:12px;
font-family:Verdana;
line-height:150%;
}
#container {
```

```
margin:0 auto; width:950px;
}
a {
color:#333;
}
/*header*/
#header {
height:50px; background:#ff911a;
}
#header h1 { padding:10px 20px;text-align:center;
}
#nav {
background:#FF6600; height:24px; margin-bottom:6px;
}
#nav ul li {
float:left;
list-style-type:none;
}
#nav ul li a {
display:block;
padding:4px 10px 2px 10px;
color:#fff;
text-decoration:none;
}
#nav ul li a:hover {
text-decoration:underline;
}
/*main*/
#mainContent {
overflow:auto; zoom:1;
margin-bottom:6px;
}
#side {
width:200px;
float:left;
}
.sidebox {
border:1px solid #ed6400;
margin-bottom:6px;
}
.sidebox h4 {
background:#ff911a; padding:2px 6px;
border-bottom:1px solid #ed6400;
color:#fff;text-align:center;
}
.sidebox ul {
padding:4px 6px;
```

```
}
#main{
width:742px;
float:right;
}
.mainbox {
border:1px solid #ed6400;
margin-bottom:6px;
}
.mainbox h4 {
background:#ff911a;
padding:2px 6px;
border-bottom:1px solid #ed6400;
color:#fff;
text-align:center;
}
.mainbox ul {
padding:4px 6px;
}
/*footer*/
#footer {
border-top:3px solid #ccc;
height:50px; text-align:center;
padding:6px;
}
```

以上文件在 IE 浏览器中的预览效果如图 5-12 所示。

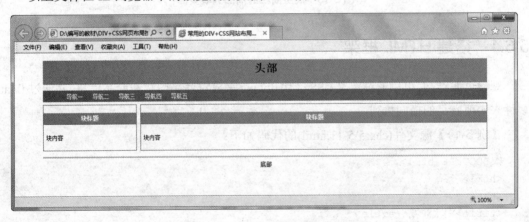

图 5-12　在 IE 浏览器中预览网页的效果

5.6　排版实例：淘宝商城

淘宝商城中的商品列表页面以商品图片和文字描述展示商品信息，并且把商品的主要信息用不同的字体大小和颜色等标注出来，便于用户更容易看到需要的信息，如图 5-13 所示。本节模拟淘宝商城商品列表页面，讲述网页布局的方法。

图 5-13　淘宝商城的商品列表页面

5.6.1　搭建 HTML 框架

观察页面结构,可以通过定义 CSS 区块 div.pic 来放置商品图片和商品信息,并通过 float 属性来实现商品的横向排列。

【例 5-11】源文件(char5\5-11.html)的代码如下:

```
<!DOCTYPE html>
<html>
<head>
<title>淘宝商城</title>
<link rel="stylesheet" href="5-11.css">
</head>
<body>
<div class="pic">
<a href="#"><img src="images/01.jpg"></a>
<ul>
<li class="new-price">￥88.20 - 98.70</li>
<li class="price">￥168.00 - 188.00</li>
```

```html
<li class="desc">十大<span>家居服</span>
品牌芬腾长袖 圆领条纹 加厚针织纯棉情侣套 睡衣套装</li>
</ul>
</div>
<div class="pic">
<a href="#"><img src="images/02.jpg"></a>
<ul>
<li class="new-price">￥99.08 - 104.35 </li>
<li class="price">￥188.00 - 198.00</li>
<li class="desc">2017 秋新歌瑞尔火花游戏珊瑚绒长袖加厚情侣睡衣男女
<span>家居服</span>套装</li>
</ul>
</div>
<div class="pic">
<a href="#"><img src="images/03.jpg"></a>
<ul>
<li class="new-price">￥158.92 </li>
<li class="price">￥268.00</li>
<li class="desc">秋鹿梦伴纯棉睡衣两件套 女装经典长袖休闲
<span>家居服</span>包邮　GM378</li>
</ul>
</div>
<div class="pic">
<a href="#"><img src="images/04.jpg"></a>
<ul>
<li class="new-price">￥99.12 - 110.92 </li>
<li class="price">￥168.00 - 188.00</li>
<li class="desc">2017 秋新 歌瑞尔七彩暖阳爱心摇粒绒男女长袖情侣睡衣
<span>家居服</span>套装</li>
</ul>
</div>
<div class="pic">
<a href="#"><img src="images/05.jpg"></a>
<ul>
<li class="new-price">￥114.00 </li>
<li class="price">￥145</li>
<li class="desc">雪俐睡衣女士 2017 秋季可爱长袖纯棉<span>家居服</span>
套装淑女系列 2104</li>
</ul>
</div>
<div class="pic">
<a href="#"><img src="images/06.jpg"></a>
<ul>
<li class="new-price">￥69.06 </li>
<li class="price">￥178.00</li>
<li class="desc">睡衣雪俐【万人迷】2017 秋季可爱女士长袖纯棉加厚
<span>家居服</span>套装 6106</li>
```

```
</ul>
</div>
<div class="pic">
<a href="#"><img src="images/07.jpg"></a>
<ul>
<li class="new-price">￥127.97 </li>
<li class="price">￥248.00</li>
<li class="desc">2017 秋季新品睡衣/红豆居家豹纹摇粒绒
<span>家居服</span>情侣款居家服套装 857</li>
</ul>
</div>
<div class="pic">
<a href="#"><img src="images/08.jpg"></a>
<ul>
<li class="new-price">￥138.00 /li>
<li class="price">￥210.00</li>
<li class="desc">全场两套包邮 2017 秋雪俐睡衣女调皮狗加厚长袖纯棉
<span>家居服</span></li>
</ul>
</div>
<div class="pic">
<a href="#"><img src="images/09.jpg"></a>
<ul>
<li class="new-price">￥99.84 </li>
<li class="price">￥156.00</li>
<li class="desc">樱蒂婉妮 经典爆款 秋冬加厚珊瑚绒男士睡衣套装长袖
<span>家居服</span></li>
</ul>
</div>
<div class="pic">
<a href="#"><img src="images/10.jpg"></a>
<ul>
<li class="new-price">￥129.00 - 138.00 </li>
<li class="price">￥215.00 - 230.00</li>
<li class="desc">包邮十大<span>家居服</span>
品牌芬腾睡衣 2011 秋冬新品男女士珊瑚绒冬之恋情侣</li>
</ul>
</div>
<div class="pic">
<a href="#"><img src="images/11.jpg"></a>
<ul>
<li class="new-price">￥169.11 </li>
<li class="price">￥268.00</li>
<li class="desc">秋鹿 梦伴<span>家居服</span>
镇店之宝 女装卡通涂鸦狗纯棉睡衣 M803</li>
</ul>
</div>
```

```
<div class="pic">
<a href="#"><img src="images/12.jpg"></a>
<ul>
<li class="new-price">￥168.01 </li>
<li class="price">￥228.00</li>
<li class="desc">2017 秋季新品 歌瑞尔 花好月圆女士舒适珊瑚绒连帽
<span>家居服</span>睡衣套装</li>
</ul>
</div>
<div class="pic">
<a href="#"><img src="images/13.jpg"></a>
<ul>
<li class="new-price">￥223.00 </li>
<li class="price">￥293.00</li>
<li class="desc">淘金币 依帛天下 可爱卡通公主加厚珊瑚绒 睡衣套装
<span>家居服</span>1363</li>
</ul>
</div>
<div class="pic">
<a href="#"><img src="images/14.jpg"></a>
<ul>
<li class="new-price">￥88.00 </li>
<li class="price">￥176.00</li>
<li class="desc">秋冬韩国男女纯棉长袖<span>家居服</span>
可爱卡通小熊条纹情侣睡衣套装 包邮</li>
</ul>
</div>
<div class="pic">
<a href="#"><img src="images/15.jpg"></a>
<ul>
<li class="new-price">￥179.02 </li>
<li class="price">￥260.00</li>
<li class="desc">秋鹿 梦伴<span>家居服</span>
秋季纯棉睡衣 男装简洁休闲运动套装 M804</li>
</ul>
</div>
<div class="pic">
<a href="#"><img src="images/16.jpg"></a>
<ul>
<li class="new-price">￥168.00 </li>
<li class="price">￥238.00</li>
<li class="desc">美梦特价睡衣向阳花珊瑚绒夹棉加厚女秋冬季可爱
<span>家居服</span>套装包邮</li>
</ul>
</div>
<div class="pic">
<a href="#"><img src="images/17.jpg"></a>
```

```
<ul>
<li class="new-price">￥89.38 </li>
<li class="price">￥218.00</li>
<li class="desc">IITA 新品秋季情侣睡衣 舒适全棉男女情侣长款
<span>家居服</span></li>
</ul>
</div>
<div class="pic">
<a href="#"><img src="images/18.jpg"></a>
<ul>
<li class="new-price">￥138.99 </li>
<li class="price">￥238.00</li>
<li class="desc">秋鹿 梦伴<span>家居服</span>
新款精品 女装可爱牛仔纯棉卡通睡衣 M801</li>
</ul>
</div>
<div class="pic">
<a href="#"><img src="images/19.jpg"></a>
<ul>
<li class="new-price">￥189.38 </li>
<li class="price">￥278.00</li>
<li class="desc">秋鹿 梦伴<span>家居服</span>
热卖卡通情侣款 男装纯棉舒适睡衣 M802</li>
</ul>
</div>
<div class="pic">
<a href="#"><img src="images/20.jpg"></a>
<ul>
<li class="new-price">￥158.99 </li>
<li class="price">￥258.00</li>
<li class="desc">秋鹿 梦伴<span>家居服</span>
秋装热卖 卡通情侣款女装精品睡衣 M807</li>
</ul>
</div>
</body>
</html>
```

5.6.2　添加 CSS 样式

框架搭建好以后，就需要编写 CSS 样式文件。CSS 样式需要设置存放商品区块的大小、浮动、边距等属性，还要设置商品信息列表的样式、超链接的样式等，并把样式文件以外部样式表的方式链接到 HTML 文件中。CSS 样式文件 5-11.css 的代码如下：

```
body {
margin:0.8em;
padding:0px;
```

```
}
div.pic {
float:left;                    /* 向左浮动 */
height:240px; width:160px;      /* 每幅图片块的大小 */
margin:16px;                    /* 每幅图片块的间距 */
padding:0px;
}
div.pic img {
border:1px solid #82c3ff;
}
div.pic a {
display:block;
padding:3px;                   /* 将超链接区域扩大到整个背景块 */
}
div.pic a:hover{
background-color:#3366FF;
}
div.pic ul {                   /* 设置图片信息的样式 */
margin:3px 0 0 10px;
padding:0 0 0 0.5em;
font-size:12px;
list-style:none;
font-family:Arial, Helvetica, sans-serif;
}
div.pic li {
line-height:1.2em;
margin:0;
padding:0;
}
div.pic li.new-price {
font-size:16px;                /*新价字号放大*/
font-weight:bold;              /*新价字体加粗*/
padding-top:0.4em;
padding-bottom:0.2em;
color:#CC0000;                 /*新价字体颜色*/
}
div.pic li.price {
text-decoration:line-through;   /*原价删除线*/
padding-top:0.4em;
padding-bottom:0.2em;
color:#999999;
}
div.pic li.desc {
padding-top:0.4em;
padding-bottom:0.2em;
color:#666666;
}
```

```
div.pic li span {
color:#FF9900;                          /*服装类别颜色*/
}
```

5.6.3 采用 CSS+DIV 布局的优势

通过本章的学习，读者可以体会到 CSS+DIV 布局和传统的表格布局的区别了，页面采用 CSS+DIV 布局的优势十分明显，主要体现在如下一些方面。

(1) 大大缩减页面代码，提高页面浏览速度，缩减带宽成本。

(2) 结构清晰，容易被搜索引擎搜索到，自然地优化了 SEO。

(3) 缩短改版时间。只要简单地修改几个 CSS 文件就可以重新设计一个有成百上千页面的站点。

(4) 强大的字体控制和排版能力。CSS 控制字体的能力比糟糕的 font 标记好多了，有了 CSS，我们不再需要用 font 标记或者透明的 1px GIF 图片来控制标题、改变字体颜色、设置字体样式等。

(5) 提高易用性。使用 CSS 可以结构化 HTML，例如<p>标记只用来控制段落，<heading>标签只用来控制标题，<table>标记只用来表现格式化的数据等。我们可以增加更多的用户而不需要建立独立的版本。

(6) 可以一次设计，随处发布。设计不仅仅用于 Web 浏览器，也可以发布在其他设备上，比如很多便携设备、手机等。

(7) 表现和内容相分离。将设计部分剥离出来放在一个独立的样式文件中，可以减少未来网页无效的可能。

(8) 更方便搜索引擎的搜索。用只包含结构化内容的 HTML 代替嵌套的标记，搜索引擎将更有效地搜索到内容，并可能给出一个较高的评价(Ranking)。

(9) Table 布局中，垃圾代码会很多，一些修饰的样式及布局的代码混合在一起，很不直观。而 DIV 更能体现样式和结构相分离，结构的重构性强。

(10) 可以将许多网页的风格格式同时更新，不用再一页一页地更新了。我们可以将站点上所有的网页风格都用一个 CSS 文件进行控制，只要修改这个 CSS 文件中相应的行，那么整个站点的所有页面都会随之发生变动。

习 题 5

1. 选择题

(1) 若要在网页中插入样式表 main.css，以下用法中，正确的是(   )。

    A. <link href="main.css" type=text/css rel=stylesheet>

B. <link src="main.css" type=text/css rel=stylesheet>

C. <link href="main.css" type=text/css>

D. <include href="main.css" type=text/css rel=stylesheet>

(2) 若要在当前网页中定义一个独立类的样式 myText，使具有该类样式的正文字体为 Arial，字体大小为 9pt，行间距为 13.5pt，以下定义方法中，正确的是(   )。

A. <style>

.myText{Font-Familiy:Arial;Font-size:9pt;Line-Height:13.5pt}

</style>

B. .myText{Font-Familiy:Arial;Font-size:9pt;Line-Height:13.5pt}

C. <style>

.myText{FontName:Arial;FontSize:9pt;LineHeight:13.5pt}

</style>

D. <style>

.myText{FontName:Arial;Font-ize:9pt;Line-height:13.5pt}

</style>

(3) 若要使表格的行高为 16pt，以下方法中，正确的是(   )。

A. <table border=1 style="Ling-Height:16">…</table>

B. <table border=1 style="Ling-Height:16pt">…</table>

C. <table border=1 LingHeight="16pt">…</table>

D. <table border=1 LingHeight="16pt">…</table>

(4) 下列属性哪一个能够实现层的隐藏？(   )

A. display:false   B. display:none   C. display:hidden   D. display:" "

2. 思考与回答

(1) 一个框的实际宽度(高度)是由哪几部分组成的？

(2) 什么是块级元素？什么是行内元素？它们之间有什么区别？

(3) 解释盒子模型的 display 属性。

(4) 使用 CSS+DIV 布局有哪些优势？

(5) 试述用 CSS+DIV 布局网页的步骤。

上机实验 5

1. 实验目的

掌握 CSS 层叠样式表的定义与引用，熟悉 CSS 层叠样式表常用的属性的使用，掌握利用 CSS+DIV 进行网页布局的方法。

2. 实验内容

(1) 在 Dreamweaver 中调试书中的各个实例。

(2) 参考书中网页排版的实例，用给定的网页素材制作一个页面，要求用 CSS+DIV 布局页面。页面效果如图 5-14 所示。

图 5-14　网页在 IE 中的预览效果

3. 实验步骤

(1) 将页面用 DIV 分块。

(2) 设计各块的位置。

(3) 用 CSS 定位。

(4) 对网页 DIV 区块的细节进行调整。

第 6 章　JavaScript 脚本语言

本章要点

- JavaScript 基本语法
- JavaScript 内置对象
- JavaScript 事件处理

JavaScript 是网页设计中使用较为广泛的一种脚本描述语言，常用于客户端编程。通过 JavaScript 和 CSS 相配合可以实现很多动态的页面效果。本章将围绕 JavaScript 与 CSS 的配合，进一步介绍各种动态网页效果。

6.1　JavaScript 概述

当用户在网上填写表单时，页面上的表单常常会对用户的输入进行判断，提示用户邮箱填写是否正确、哪个项目没有填写等，这些都是 JavaScript 的小功能。本节主要介绍 JavaScript 的基础知识，包括它的特点、与 HTML 的关系等。

6.1.1　JavaScript 简介

JavaScript 是 Netscape 公司推出的一种嵌入 HTML 文档的、基于对象的脚本描述语言。利用 JavaScript 可进一步增强网页的交互性，实现控制浏览器外观、状态和运行方式的目的。利用 JavaScript 还可以实现对用户所输入的数据进行有效性验证，从而减轻服务器的负担。JavaScript 为 Web 网页设计人员提供了极大的灵活性和方便的控制手段，它相当于一种优秀的网页"黏合剂"。

JavaScript 是一种解释性的描述语言，它不同于一般的程序设计语言，不能用来开发独立的应用程序，只能嵌入到 HTML 网页中使用。目前的浏览器基本上都能识别和执行 JavaScript 脚本语言。JavaScript 语法与 C 语言很相似，有 C 语言基础的人能够很快学会并掌握 JavaScript 语言。

由上述对 JavaScript 的解释可以看出，JavaScript 是一种解释性的、用于客户端的、基于对象的程序开发语言。

6.1.2 JavaScript 的特点

JavaScript 是一种基于对象(Object)和事件驱动(Event Driven)并具有安全性能的脚本语言。使用它的目的是与 HTML 超文本标记语言、Java 脚本语言(Java 小程序)一起实现在一个 Web 页面中连接多个对象,与 Web 客户交互作用,从而可以开发客户端的应用程序等。它是通过嵌入或调入到标准的 HTML 中实现的。它的出现弥补了 HTML 的缺陷,是 Java 与 HTML 折中的选择,具有以下几个基本特点。

(1) 简单性。JavaScript 的简单性主要体现在:首先它是一种基于 Java 基本语句和控制流之上的简单而紧凑的设计,从而对于学习 Java 是一种非常好的过渡。其次它的变量类型采用弱类型,并未使用严格的数据类型。

(2) 安全性。JavaScript 是一种安全的程序语言,它不允许访问本地的硬盘,并不能将数据存入到服务器上,不允许对网络文档进行修改和删除,只能通过浏览器实现信息浏览或动态交互,从而有效地防止数据的丢失。

(3) 动态性。JavaScript 是动态的,它可以直接对用户或客户输入做出响应,无须经过 Web 服务程序。它对用户的响应,是以事件驱动的方式进行的。

(4) 跨平台性。JavaScript 依赖于浏览器本身,与操作环境无关,只要是能运行浏览器的计算机,并支持 JavaScript 的浏览器就可正确执行。

综合所述,JavaScript 是一种新的描述语言,可以被嵌入到 HTML 文件中。JavaScript 语言可以做到回应使用者的需求事件(如 form 的输入),而不用任何的网络来回传输资料,所以当一位使用者输入一项资料时,它不用经过传给服务器端(Server)处理后再传回来的过程,而直接可以被客户端(Client)的应用程序处理。

6.1.3 在网页中使用 JavaScript

在网页中嵌入和使用 JavaScript 时,必须将脚本代码放在<Script>与</Script>标记符之间,以便将脚本代码与 HTML 标记区分开来。

Script 脚本代码块可放在<head>与</head>之间,也可以放在<body>与</body>之间。

其嵌入的方法为:

```
<Script Language="JavaScript">
此处放置 JavaScript 代码
</Script>
```

【例 6-1】下面的代码是利用 JavaScript 弹出一个消息框,从中可以看出在网页中使用 JavaScript 的方法。

源文件(char6\6-1.html)的代码如下:

```
<!DOCTYPE html>
<html>
<head>
<meta charset="utf-8">
<title>JavaScript 示例</title>
</head>
<body>
<Script language="JavaScript">
<!--
window.alert("欢迎进入 JavaScript 世界!")
-->
</Script>
</body>
</html>
```

其执行结果如图 6-1 所示。

图 6-1　弹出消息框

此处利用了 window 对象的 alert 方法来实现以消息框的方式输出数据。window 对象可以缺省。alert() 是 JavaScript 的窗口对象方法,其功能是弹出一个具有"确定"按钮的对话框并显示括号中的字符串。

通过 <!-- ... --> 标识进行注释,若遇到不识别 JavaScript 代码的浏览器,则所有在该标识中的内容均被忽略;若识别,则执行其内容并获得结果。使用注释是一个好的编程习惯,它使其他人可以读懂我们的代码。

如果一段 JavaScript 代码需要用于多个网页,通常可将该 JavaScript 代码单独保存到一个扩展名为 .js 的文本文件中,当网页中需要用该 JavaScript 代码时,只需要利用 <Script> 标记的 src 属性将其包含到网页中即可。

在网页中插入 JavaScript 文件的方法为:

```
<Script language="JavaScript" src="js_URL"></Script>
```

src 属性用于指定所要插入的 JavaScript 文件的位置。例如,若要在网页中插入 incjs

目录下的 date.js 脚本文件，则插入的方法为：

```
<Script language="JavaScript" src="incjs/date.js"></Script>
```

6.2 JavaScript 的语法基础

本节简单介绍 JavaScript 的基本语法，使读者对 JavaScript 的编写有基本的概念，在需要的时候能够正确地查找。对于具体的 JavaScript 的详细讲解，还需参考其他相关资料。

6.2.1 JavaScript 的数据类型

JavaScript 提供了 4 种基本的数据类型，分别为数值型、逻辑型、字符串型和 undefined 类型。下面分别予以介绍。

- 数值型：数值型由数字、小数点和正负号组成，如 3.14、276、–24 等。数值型数据主要用于各种数学运算。
- 逻辑型：逻辑型又称布尔型，用于代表事物的是与否、真与假两种状态。逻辑型数据的值只有两个，true 表示逻辑真；false 表示逻辑假。
- 字符串型：字符串是由字符构成的一个字符序列，在 JavaScript 中用单引号或双引号括起来。
- undefined 类型：undefined 类型是一种特殊的类型，对于一个已经声明，但还未赋初值的变量，其类型就是 undefined 类型。

6.2.2 常量、变量与表达式

JavaScript 的数据类型可以是常量，也可以是变量。

1. 常量

JavaScript 的常量通常又称为字面常量，是不能改变的数据。根据数据类型的不同，常量可分为数值型常量、字符型常量和逻辑型常量。字符型常量用双引号或单引号括起来，逻辑型常量只有 true 和 false 两种。例如 12、"欢迎光临"等。

另外，在 JavaScript 中还有一种特殊的常量，即转义字符。利用转义字符可以表达一些特殊的字符或控制符，JavaScript 常用的转义字符如表 6-1 所示。

表 6-1 JavaScript 常用的转义字符

序　号	转义字符	使用说明
1	\b	后退一格(Backspace)
2	\f	换页(Form Feed)

续表

序　号	转义字符	使用说明
3	\n	换行(New Line)
4	\r	返回(Carriage Return)
5	\t	制表(Tab)
6	\'	单引号
7	\"	双引号
8	\\	反斜线(Backslash)

2．变量

JavaScript 对变量的定义未做强制性规定，变量在使用之前，可以事先定义，也可以不定义而直接使用。变量定义时也不需要指定具体的数据类型，变量的数据类型完全由所赋值的类型决定。

在 JavaScript 中，只要给变量赋一个值，就相当于定义了一个变量。另外也可以用 var 语句来声明和定义一个变量，其定义语法为：

```
var 变量名1[=初值][,变量名2[=初值]...]
```

例如：

```
var myVar
myVar = "hello world"
var count = 1
```

3．表达式

表达式是由常量、变量、函数和相应的运算符所构成的式子。JavaScript 的表达式可分为条件表达式、数学表达式、关系运算表达式、字符表达式和逻辑表达式。

1) 条件表达式

用法：

```
(条件)?A:B
```

功能：若条件成立，则表达式值为 A；若条件不成立，则表达式的值为 B。A 和 B 可代表任何类型的值。例如：

```
(age>=18)? "成年" : "未成年"
```

若变量 age 的值大于或等于 18，则表达式的值为"成年"；若变量 age 的值不大于或等于 18，则表达式的值为"未成年"。

2) 数学表达式

由数值型常量、变量或函数和数学运算符所构成的式子，即数学运算表达式。

JavaScript 支持的数学运算符如表 6-2 所示。

表 6-2　数学运算符

运 算 符	意 义	示 例
+	数字相加	2+3　结果为 5
+	字符串合并	"欢迎" + "光临"　结果为"欢迎光临"
−	相减	7-3　结果为 4
−	负数	i=30; j=-i　结果 j 为-30
*	相乘	10*2　结果为 20
/	相除	8/2　结果为 4
%	取模(余数)	6%3　结果为 0
++	递增 1	i=5; i++;　结果 i 为 6
−−	递减 1	i=5; i−−;　结果 i 为 4

3)　关系运算表达式

关系运算表达式主要用于比较两个表达式之间的关系,其返回值为 true 或 false。若比较关系成立,则表达式返回的值为 true;否则返回 false。常用的关系运算符如表 6-3 所示。

表 6-3　常用的关系运算符

运 算 符	意 义	示 例
==	等于	5==3　结果为 false
!=	不等于	5!=3　结果为 true
<	小于	5<3　结果为 false
<=	小于等于	5<=3　结果为 false
>	大于	5>3　结果为 true
>=	大于等于	5>=3　结果为 true

4)　字符表达式

由字符常量、变量、函数和相应的字符运算符所构成的表达式,即为字符表达式。字符串的运算主要是字符串的连接运算,其运算符为"+"。在字符串连接运算中,若有数值型数据,系统会自动将数值型转换为字符型,然后再进行连接运算。

5)　逻辑表达式

由关系表达式、逻辑型值与逻辑运算符所构成的式子,即为逻辑表达式,运算后的最终结果仍为逻辑型值。

JavaScript 中的逻辑运算符有&&(逻辑与)、||(逻辑或)、!(逻辑非)三种。

逻辑表达式通常与分支语句、循环语句等配合使用,以提供循环或分支语句的条件。

例如,如果 weekday 变量的值为 0 或 6,则用红色输出"今天我休息!"实现代码如下:

```
<Script Language="JavaScript">
var weekday = 0;
if(weekday==0 || weekday==6)
{
document.write("<font color=#ff0000>今天我休息!</font>");
}
</Script>
```

6.2.3 函数的定义及调用

函数是能够实现某种运算或特定功能的程序段。JavaScript 是一个函数式的脚本语言，可调用系统内置的函数或自定义的函数来实现所需的功能。本节主要介绍自定义函数的编写方法，以及函数的调用方法。

1. 函数的定义

JavaScript 的函数采用 function 语句来定义，用 return 语句来返回函数值，其定义格式如下：

```
function 函数名(参数列表)
{
函数的执行部分;
return 表达式;
}
```

说明：

● function 是关键字。

● 函数名必须是唯一的，并且大小写是有区别的。

● 函数的参数可以是常量、变量或表达式。

● 当使用多个参数时，参数之间用逗号隔开。

● 如果函数值需要返回，则使用关键字 return 将值返回。

通常在<head>与</head>之间定义 JavaScript 函数，以便在页面装载时，首先装载函数，使浏览器知道有这样一个函数。

2. 函数的调用

定义一个函数，仅是告知浏览器有这样一个函数，函数体中的语句并不会被执行，只有在调用该函数时，函数体中的语句才真正地被执行。其调用方法如下。

调用格式 1：

```
varname = 函数名(参数值)
```

调用格式 2：

函数名(参数值)

> **说明:** 若函数调用有返回值,而且需要保存该返回值,则采用格式 1 的调用方法;若不需要保存函数返回的值,或者需要直接使用函数的返回值,或者函数仅是实现某项特殊的功能,没有明确的返回值时,通常采用格式 2 来调用。

【例6-2】改变区块的背景色。

源文件(char6\6-2.html)的代码如下:

```html
<!DOCTYPE html>
<html>
<head>
<meta charset="utf-8">
<title>改变背景色</title>
<style type="text/css">
div{
    width:200px;
    height:100px;
    border:1px solid #FF0000;
}
</style>
<script language="JavaScript" >
<!--
function blue(x) {
document.getElementById("s1").style.backgroundColor = "blue";
}
function yellow(x) {
document.getElementById("s1").style.backgroundColor = "yellow";
}
//-->
</script>
</head>
<body>
<div id="s1"></div>
<form name="form1">
<input type="button" value="黄色" onClick="yellow()" />
<input type="button" value="蓝色" onClick="blue()" />
</form>
</body>
</html>
```

其执行结果如图 6-2 所示。此处利用了 document 对象的 getElementById()方法。该方法返回对拥有指定 id 的第一个对象的引用,在操作文档的一个特定的元素时,给该元素一个 id 属性,并为它指定一个在文档中的唯一名称,然后就可以用该 id 查找此元素。本例通过这个方法来实现对区块的颜色改变。

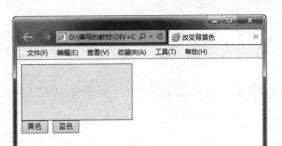

图 6-2　改变区块颜色

6.2.4　条件分支语句

通常情况下，程序代码的执行是按照代码书写的先后顺序来执行的。在实际应用中，常需要根据条件的成立与否，来选择执行不同的代码，以实现智能化的处理，这种能控制程序执行流向的语句，通常被称为控制语句。

JavaScript 的流程控制语句主要包括条件判断语句和循环控制语句两种。本节介绍条件判断语句。

1. if 语句

语句格式：

```
if(条件表达式) {
语句体;
}
```

程序执行时，先判断条件表达式，如果条件成立，则执行语句体。

例如：

```
if (n > 0)
alert("购物件数: " + n);
```

2. if...else 语句

语句格式：

```
if(条件表达式) {
语句体 1;
}
else {
语句体 2;
}
```

程序执行时，先判断条件表达式，如果条件成立，则执行语句体 1；如果条件不成立，则执行语句体 2。

3．switch 语句

switch 语句可以根据给定表达式的不同取值，选择不同的语句，常用于实现具有多种情况的判断处理。语句用法为：

```
switch(表达式) {
case 值1:
语句块1;
case 值2:
语句块2;
...
case 值n:
语句块n;
[default:
语句块;]
}
```

语句功能：首先计算表达式的值，然后与 case 后面给定的值进行比较，与哪一个相等，就执行该 case 后面的语句块，遇到 break 语句，就结束 switch 语句的执行。若表达式的值与各个 case 后面给定的值均不相等，则执行 default 后面的语句块。

【例6-3】编写 JavaScript 程序，在网页中输出当前的星期数，若为星期六或星期日，则用红色输出(提示：星期数可利用内置 date 对象的 getDay()方法来获得。getDay()方法是以 0~6 的数字来返回星期数的，其中 0 代表星期天，6 代表星期六)。

源文件(char6\6-3.html)的代码如下：

```
<!DOCTYPE html>
<html>
<head>
<meta charset="utf-8">
  <title>分支语句的使用</title>
  <style   type="text/css">
    span{color:red;}
  </style>
</head>
<body>
<Script Language="JavaScript">
  var curday=new Date();
  switch(curday.getDay())
  {
  case 1:
    document.write("星期一");break;
  case 2:
    document.write("星期二");break;
```

```
case 3:
    document.write("星期三");break;
case 4:
    document.write("星期四");break;
case 5:
    document.write("星期五");break;
case 6:
    document.write("<span>星期六</span>");break;
case 0:
    document.write("<span>星期日</span>");break;
    }
</Script>
</body>
</html>
```

其执行结果如图 6-3 所示。

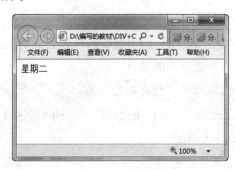

图 6-3　分支语句输出星期数

6.2.5　循环控制语句

JavaScript 中的循环控制语句主要包括 for、while 和 do while。

1．for 循环

语句用法：

for(初始值表达式；循环条件表达式；增量表达式) {
循环执行体语句；
}

语句说明如下。

● 初始值表达式：通常用于给循环控制变量赋初值，为可选项。

● 循环条件表达式：用于指定循环的条件，为可选项。若表达式值为 true，则将继续执行循环体；若为 false，则结束循环体的执行。

● 增量表达式：用于更新循环控制变量的值，使循环趋于结束，为可选项。

2. while 循环

语句用法：

```
while(条件表达式) {
循环体;
}
```

语句功能：首先判断条件表达式的值，若为 true，则执行循环体语句。然后再次返回判断条件表达式，若为 true，则继续执行循环体语句；若为 false，则结束循环的执行。

3. do...while 循环

语句用法：

```
do {
循环体;
} while(条件表达式)
```

语句功能：首先执行循环体语句，然后判断条件表达式的值，若为 true，则继续执行循环体语句；若为 false，则结束循环的执行。

从中可见，do...while 循环体至少将被执行一次。

【例 6-4】使用 JavaScript 编程，分别用<H1> ～ <H6>的字体输出字符串"标题文字"。

源文件(char6\6-4.html)的代码如下：

```
<!DOCTYPE html>
<html>
<head>
<meta charset="utf-8">
<title>循环语句的使用</title>
</head>
<body>
<Script Language="JavaScript">
for(var n=1; n<=6; n++)
{
document.write("<h" + n + ">标题文字" + n + "</h" + n + ">");
}
</Script>
</body>
</html>
```

执行结果如图 6-4 所示。

此处使用的是 for 循环结构，如果用 while 循环语句和 do...while 循环语句，也同样可以实现。

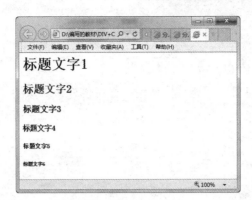

图 6-4　循环语句的使用

用 while 循环语句实现的 JavaScript 代码为：

```
<Script Language="JavaScript">
var n = 1;
while(n <= 6)
{
document.write("<H" + n + ">标题文字" + n + "</H" + n + ">");
n++;
}
</Script>
```

用 do...while 循环语句实现的 JavaScript 代码为：

```
<Script Language="JavaScript">
var n = 1;
do
{
document.write("<H" + n + ">标题文字" + n + "</H" + n + ">");
n++;
}
while(n <= 6)
</Script>
```

6.3　JavaScript 的内置对象

　　JavaScript 是一种基于对象的脚本语言，每个对象均有属于自己的属性和方法。在 JavaScript 中，常用的内置对象有 String、Math、Array 和 Date，分别用于实现对字符串、数学运算、数组以及日期和时间的处理。

6.3.1　String 对象

　　String 对象是 JavaScript 内置的一个对象，用于实现对字符串的处理。字符串是由若干字符构成的序列，字符串常量要用单引号或双引号括起来。

1．String 对象的创建

String 是一个动态对象，不能直接使用，必须创建该对象的一个实例，然后利用实例对象来间接地使用该对象。

String 实例的创建方法为：

```
var 实例名 = new String("字符串");
```

例如：

```
var msg = new String("欢迎光临本站！");
```

该语句创建了一个名为 msg 的对象，该对象存储的字符串为"欢迎光临本站！"创建 String 对象的实例时，也可以缺省 new 和 String 关键字，而采用以下格式来创建：

```
var msg = "欢迎光临本站！";
```

该用法与给变量赋值的用法相似，从中可见，JavaScript 的 String 对象相当于其他语言中的字符串变量，或者说 JavaScript 是将字符型变量当作一个对象来看待的。既然是一个对象，就有相应的属性和方法，JavaScript 也正是通过 String 对象的属性和方法来实现对字符串处理的。

2．String 对象的属性

String 对象提供有一个名叫 length 的属性，利用该属性可返回实例对象所保存的字符串的长度。其用法为：

```
实例对象名.length
```

例如，若要显示实例对象 msg 所保存的字符串的长度，则实现的语句为：

```
<Script Language="JavaScript">
var msg = " 欢迎光临本站！";
document.write(msg.length);
</Script>
```

运行后输出的值为 7。在 JavaScript 中，字符采用 Unicode 编码，1 个汉字和 1 个西文字符均算一个字符。

3．String 对象的方法

String 对象提供了一组方法，利用这些方法可实现对字符的处理。使用时应注意方法名的大小写。

1）charAt()方法
用法：

实例对象名.charAt(idx)

功能：返回指定位置处的一个字符。字符位置号从左向右编号，最左边的为 0。

例如，若要输出字符串"欢迎光临本站！"中的第 3 个字符，则实现的语句为：

```
var msg = "欢迎光临本站！";
document.write(msg.charAt(2));
```

2) indexOf()

用法：

实例对象名.indexOf(chr)

功能：返回指定字符或字符串的位置，从左到右找，若找不到，则返回-1。

例如，若要在字符串"欢迎光临本站！"中查找子串"光临"的位置，则实现的语句如下：

```
var msg = "欢迎光临本站！";
document.write(msg.indexOf("光临"));
```

运行后返回的值为 2。

3) lastindexOf()方法

该方法的功能与 indexOf()方法相同，只是查找的方向不同，该方法是从右向左查找。

4) substring()方法

用法：

实例对象名.substring(fromidx, toidx)

功能：根据指定的开始位置 fromidx 和结束位置 toidx，从实例对象所保存的字符串中截取一个子串。截取时从 fromidx 位置开始一直到 toidx，但不包含 toidx 位置上的字符。

例如，若要从字符串"欢迎光临本站！"中截取子串"光临"，则实现的语句为：

```
var msg = "欢迎光临本站！";
document.write(msg.substring(3, 5));
```

5) toLowerCase()方法

用法：

实例对象名.toLowerCase()

功能：将字符串中的字符全部转换为小写。

例如，若要将字符串"Welcome To My Home！"全部转换成小写输出，则实现的语句如下：

```
var msg = "Welcome To My Home！";
document.write(msg.toLowerCase());
```

6) toUpperCase()方法

用法：

实例对象名.toUpperCase()

功能：将字符串中的字符全部转换为大写。

6.3.2 Math 对象

Math 对象是一个静态对象，可以直接引用，不需要创建实例。常用的数学函数被定义成了该对象的方法，数学常数定义成了该对象的属性。因此，利用该对象的方法和属性，可实现相关的数学运算。

1. Math 对象的属性

Math 对象的属性代表着一些数学常量，其属性名全部采用大写。Math 对象的属性如表 6-4 所示。

表 6-4　Math 对象的属性

属　　性	描　　述	常　数　值
Math.E	欧拉常数(E)	2.71828
Math.LN2	2 的自然对数	0.69315
Math.LN10	10 的自然对数	2.30259
Math.LOG2E	以 2 为底的 E 的对数	
Math.LOG10E	以 10 为底的 E 的对数	
Math.PI	圆周率 π	3.141592654
Math.SQRT1_2	1/2 的平方根	0.7071
Math.SQRT2	2 的平方根	1.4142

2. Math 对象的方法

Math 对象的方法名实质就是一些常用的函数名，函数的参数一般为浮点型，三角函数采用弧度值。Math 对象支持的方法如表 6-5 所示，方法名均为小写。

表 6-5　Math 对象的方法

方　法　名	功　　能
Math.abs(x)	返回 x 的绝对值
Math.acos(x)	返回 x 的反余弦，x 介于-1 和 1 之间
Math.asin(x)	返回 x 的反正弦，x 介于-1 和 1 之间
Math.atan(x)	返回 x 的反正切
Math.atan2(x, y)	返回 y/x 的反正切，这里的(x, y)是笛卡儿坐标值

方 法 名	功　能
Math.ceil(x)	返回大于等于 x 的最小整数
Math.cos(x)	返回 x 的余弦
Math.exp(x)	返回 E 的 x 次幂
Math.floor(x)	返回小于等于 x 的最大整数
Math.log(x)	返回 x 的自然对数(以 E 为底)
Math.max(value1, ...)	返回最大值
Math.min(value1, ...)	返回最小值
Math.pow(x, y)	幂运算
Math.random()	返回一个 0~1 之间的随机小数
Math.round(x)	将一个小数四舍五入为整数
Math.sin(x)	返回 x 的正弦
Math.sqrt(x)	返回 x 的平方根，x 必须大于 0
Math.tan(x)	返回 x 的正切，x 以弧度表示

例如，要产生一个 0~10 之间(不包含 10)的随机整数，实现代码如下：

```
<Script Language="JavaScript">
var num = 0;
num = Math.floor(Math.random()*10);
document.write(num);
</Script>
```

当需要多处访问 Math 对象的方法时，为减少对 Math 对象的重复书写，可改用 with 语句来表达，该语句的用法为：

```
with(对象名)
{
//在此处访问对象方法时，可省略对象名
}
```

若用 with 语句表达，上例可改写为：

```
with(Math)
{
num = floor(random() * 10);
}
```

6.3.3　Array 对象

1. 新建数组

Array 对象是一个动态对象，使用时必须创建其实例。在 JavaScript 中，数组被当作一个对象来看待，创建数组也就是创建 Array 对象实例。其创建方法为：

```
var 数组名 = new Array();
```

例如，若要创建一个名为 score 的数组，则创建的方法为：

```
var score = new Array();
```

该方法创建的数组由于创建时没有指定数组的大小，因此使用时比较灵活，可以根据需要自动调整数组的大小。

在创建数组时，若知道数组的大小，则可使用如下格式来创建固定大小的数组：

```
var 数组名 = new Array(数组大小);
```

例如，若要创建拥有 40 个数组成员的数组 score，则创建的方法为：

```
var score = new Array(40);
```

在 JavaScript 中，数组成员的编号从 0 开始，即数组的下标从 0 开始。要访问数组成员，可通过"数组名[成员下标值]"的格式进行访问。比如，若要给 score 数组中的第二个成员赋初值 90，则实现的语句为：

```
score[1] = 90;
```

在创建数组时，若要知道数组成员的初值，还可以用以下方式来定义数组，并实现给数组成员赋值：

```
var 数组名 = new Array(元素 1, 元素 2, 元素 3, ...);
```

例如，若要定义一个名为 week 的数组，数组成员的初值分别为星期日、星期一、星期二、星期三、星期四、星期五、星期六，则定义方法为：

```
var week = new Array("星期日","星期一","星期二","星期三","星期四","星期五","星期六");
```

2. 数组的常用属性和方法

数组常用的属性是 length 属性，利用该属性可以获得数组成员的个数。

该属性只能正确返回一维连续存放的数组的成员的个数，其返回值为数组里最后一个元素的下标加 1。

对于多维数组或一维不连续存放的数组，其返回值是不正确的。例如：

```
<Script Language="JavaScript">
var num = new array();
num[0] = "a";
num[5] = "b";
document.write(num.length);
</Script>
```

程序运行后的输出值是 6，但 num 数组的实际成员个数是 2。

数组对象还提供了一组方法，利用这些方法可实现对数组的处理。

1) join()方法

用法：

```
数组对象名.join(<分隔符>);
```

功能：该方法返回一个字符串，该字符串将数组中的各个元素串起来，用<分隔符>置于元素与元素之间。这个方法不影响数组原来的内容。

2) reverse()方法

用法：

```
数组对象名.reverse();
```

功能：使数组中的元素顺序反过来。

例如：如果对数组[1, 2, 3]使用这个方法，它将使数组变成[3, 2, 1]。

实现的代码为：

```
var test = new Array(1,2,3);
test.reverse();
```

3) slice()方法

用法：

```
数组对象名.slice(<初值>[, <终值>]);
```

功能：返回一个数组，该数组是原数组的子集，子集从<初值>开始到<终值>结束。如果不给出<终值>，则子集一直取到原数组的结尾。

4) sort()方法

用法：

```
数组对象名.sort([<方法函数>]);
```

功能：使数组中的元素按照一定的顺序排列。如果不指定<方法函数>，则按字母顺序排列。在这种情况下，80 比 9 排得靠前。

6.3.4　Date 对象

Date 对象是一个动态对象，使用时应创建实例。其创建方法为：

```
var 实例名 = new date()
```

在所创建的实例中自动存储了当前的日期和时间。

例如，创建一个名为 mydate 的 date 对象，其语句为：

```
var mydate = new date();
```

Date 对象创建后，利用该对象的相关方法，便可实现对日期和时间的相关操作。Date 对象常用的方法如表 6-6 所示。

表 6-6　Date 对象常用的方法

方　　法	描　　述
date()	返回当日的日期和时间
getDate()	从 Date 对象返回一个月中的某一天(1~31)
getDay()	从 Date 对象返回一周中的某一天(0~6)
getMonth()	从 Date 对象返回月份的对应数(0~11)
getFullYear()	从 Date 对象以四位数字返回年份
getYear()	从 Date 对象以两位或四位数字返回年份
getHours()	返回 Date 对象的小时(0~23)
getMinutes()	返回 Date 对象的分钟(0~59)
getSeconds()	返回 Date 对象的秒(0~59)

【例 6-5】使用 JavaScript 的 Date 对象编程，要求在当前网页中以 "××××年××月××日星期×" 格式显示系统当前的日期和星期数，若为星期六或星期天，则星期数用红色显示。

源文件(char6\6-5.html)的代码如下：

```
<!DOCTYPE html>
<html>
<head>
<meta charset="utf-8">
<title>显示系统日期</title>
</head>
<body>
<Script Language="JavaScript">
var curDate = new Date();
dd = curDate.getDate();
mm = curDate.getMonth() + 1;        // 0 代表 1 月份
yy = curDate. getFullYear();
weekday = curDate.getDay();           // 获得星期数
document.write(yy); document.write("年");
document.write(mm); document.write("月");
document.write(dd); document.write("日");
var week = new Array(
"星期日","星期一","星期二","星期三","星期四","星期五","星期六");
if(weekday==0 || weekday==6) {
document.write(
"<font color='#FF0000'>" + week[weekday] + "</font>");
} else {
document.write(
```

```
"<font color='#000000'>" + week[weekday] + "</font>");
}
</Script>
</body>
</html>
```

执行结果如图 6-5 所示。

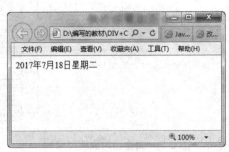

图 6-5　显示日期和时间

6.4　浏览器对象

JavaScript 除了可以访问本身内置的各种对象外，还可以访问浏览器提供的对象。浏览器根据当前的配置和所装载的网页，可向 JavaScript 提供一些对象，JavaScript 通过访问这些对象，便可得到当前网页以及浏览器本身的一些信息。本节将介绍两个常用的浏览器对象 window 和 document。

6.4.1　浏览器对象简介

1．浏览器对象模型

在面向对象的程序设计中，各对象间存在着继承关系，最初的对象称为父对象，从父对象继承得到的各种对象称为子对象，子对象继承了父对象的各种属性和方法，并且可以增加自己独有的属性和方法，从而形成一个更强的子对象。

JavaScript 是一种基于对象的脚本语言，各对象之间不存在继承关系，而是一种从属关系，从属关系涉及的两个对象在属性和方法上一般不存在共同点。大家知道，网页是由 HTML 标记符、表单、Java 小应用程序以及各种插件所构成的，而网页又从属于某个浏览器窗口，窗口与网页之间，网页与各网页元素之间并没有任何相似之处，只是一种从属关系。在这种从属结构中，浏览器窗口位于整个结构的最顶层，窗口对象用 window 表示，代表一个完整的浏览器窗口，其子对象包括 location 对象、history 对象、document 对象以及 frame 对象等，其从属结构如图 6-6 所示。

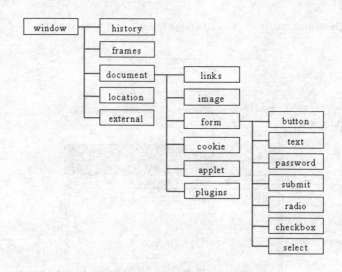

图 6-6 浏览器对象模型结构

2. 浏览器对象简介

浏览器对象较多，下面对常用的浏览器对象做简单的介绍。

(1) window 对象：该对象位于最顶层，是其他对象的父对象，每一个 window 对象代表着一个浏览器窗口。

各从属对象可以采用如下方法进行访问：

`window.子对象 1.子对象 2.属性名或方法名`

例如，若要访问当前网页中名为 login 的表单中名为 username 的文本框对象，并设置该文本框的值为 user1，则访问的方法为：

```
window.document.login.username.value = "user1";
```

由于 window 是最顶层对象，在使用时允许省略该对象。所以上面的语句可以写成：

```
document.login.username.value = "user1";
```

(2) location 对象：该对象包含当前网页的 URL 地址。该对象有一个常用的 href 属性，通过设置该属性，可以导航到指定的网页，其作用等价于<a>标记的功能。

例如，若要将页面切换到 main.htm，则实现的代码为：

```
window.location.href = "main.htm";
```

该对象常用的方法还有 reload()方法，利用该方法，可以实现当前网页的重新装载。

例如，若要重新装载当前页面，则实现的代码为：

```
window.location.reload();
```

(3) document 对象：该对象代表当前网页，其子对象的各种属性均来源于当前的网页，对于不同的网页，该对象所包含的子对象有所不同，各子对象之间的层次关系也由网页中的相应关系决定。

document 对象有一个很常用的 write 方法，用于向当前网页输出内容，其内容可以是纯文本，也可以是文本与 HTML 标记的组合。

例如，若要在当前页面中以红色输出"欢迎光临"，则实现的代码为：

```
window.document.write("<font color='#ff0000'>欢迎光临</font>");
```

document 对象常用的属性是 lastModified，用于返回网页文档的最近更新日期和时间。

(4) history 对象：该对象包含最近访问过的 10 个网页的 URL 地址，它有一个 length 属性，可以返回当前有多少个 URL 存储在 history 对象中，利用该对象所提供的方法可以实现网页的导航。该对象常用的方法主要有 go()方法、back()方法和 forward()方法。其中，back()方法和 forward()方法对应浏览器工具栏中的后退和前进按钮，go()方法可以让浏览器前进或后退到已访问过的任何一个页面。

例如，若要后退到曾经访问过的倒数第一个页面，则实现的代码为：

```
window.history.go(-1); //或 window.history.back();
```

若要后退到曾经访问过的倒数第二个页面，则实现的代码为：

```
window.history.go(-2);
```

若要前进到曾经访问过的页面，则实现的代码为：

```
window.history.go(1); //或 window.history.forward();
```

window.history.go(0)的功能是重新装载当前页面。

(5) external 对象：该对象有一个很常用的 addFavorite 方法。利用该方法，可实现将指定的网页添加到浏览器的收藏夹中，其用法为：

```
window.external.addFavorite("URL", "收藏夹中显示的标题");
```

例如，若要在当前页面中添加一个"收藏本站"的链接，当用户单击该链接时，即将安徽工业职业技术学院(http://www.ahip.cn)添加到收藏夹中，则实现的代码为：

```
<a href="#" onclick="JavaScript:window.external.addFavorite
('http://www.ahip.cn', '安徽工业职业技术学院') ">收藏本站</a>
```

6.4.2　window 对象

window 对象是 JavaScript 中使用较为广泛的一个浏览器对象，该对象的方法较多，功能强大。本节主要介绍 window 对象常用的方法和属性。

1. window 对象的属性

window 对象常用的主要属性是 status，该属性用于设置浏览器状态行中所显示的信息。

例如，若要将当前窗口的状态行显示信息设置为"欢迎光临本站！"，则实现的代码为：

```
window.status = "欢迎光临本站！";
```

在一些网站看到的状态栏跑马灯式的效果，就是通过不断设置修改该属性的取值来实现的。

【例 6-6】制作状态栏上的跑马灯效果。

源文件(char6\6-6.html)的代码如下：

```
<!DOCTYPE html>
<html>
<head>
<meta charset="utf-8">
<script Language="JavaScript">
var msg = "这是一个跑马灯效果的 JavaScript 文档";
var interval = 100;
var spacelen = 120;
var space10 = " ";
var seq = 0;
function Scroll() {
len = msg.length;
window.status = msg.substring(0, seq + 1);
seq++;
if(seq >= len) {
seq = spacelen;
window.setTimeout("Scroll2();", interval);
}
else
window.setTimeout("Scroll();", interval);
}
function Scroll2() {
var out = "";
for (i=1; i<=spacelen/space10.length; i++)
out += space10;
out = out + msg;
len = out.length;
window.status = out.substring(seq, len);
seq++;
if(seq >= len) { seq = 0; };
window.setTimeout("Scroll2();", interval);
}
Scroll();
</script>
</head>
<body>
```

注意状态栏上的跑马灯！！
```
</body>
</html>
```
执行结果如图 6-7 所示。

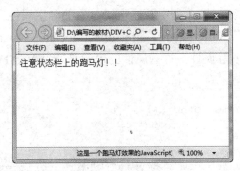

图 6-7 跑马灯效果

2．window 对象的方法

在 HTML 中，window 对象主要有以下 7 种常用的方法。

1）alert()方法

此方法用于创建一个警告对话框，在对话框中只有一个 OK 按钮。

其基本用法如下：

```
window.alert("警告信息");
```

例如：

```
window.alert('This is an alert test');
```

2）confirm()方法

此方法用于创建一个确认对话框，在对话框中有一个"确定"按钮和一个"取消"按钮。其基本用法如下：

```
window.confirm("确认信息");
```

例如：

```
var ret = window.confirm("真的要关闭窗口吗？");
```

3）prompt()方法

此方法用于创建一个提示对话框，在对话框中，除了有一个"确定"按钮和一个"取消"按钮以外，还有一个文本框，用于输入信息。其基本用法如下：

```
window.prompt("提示信息", "默认值");
```

例如：

```
var name = window.prompt("请输入要查询的学号：", "1001");
```

4) open()

此方法用于新创建一个窗口对象。在 open()方法中有一些可调用的参数。

- URL 参数：用于指定新建窗口的 URL 属性(即 location 属性)。
- 窗口对象名称参数：用于指定新建窗口对象的名字属性。
- 其他参数：包括 width、height、directories、location、menubar、scrollbars、status、toolbar、resizable 等属性，这些属性的值都是通过 Yes(1)或 No(0)进行设置的。

其基本用法如下：

```
window.open(URL, name, others);
```

例如：

```
window.open("www.yahoo.com", "mywin", "directories=yes menubar=no
scrollbars=no status=no toolbar=no width=200 height=100");
```

其他参数可选值及功能如表 6-7 所示。

表 6-7   窗口属性及其值

属 性 名	描　　述
Width	窗口宽度，单位像素
Height	窗口高度，单位像素
Directories	窗口是否显示目录按钮，默认值为 yes
Location	窗口是否显示地址栏，默认值为 yes
Menubar	窗口是否显示菜单栏，默认值为 yes
Scrollbars	窗口是否显示滚动条，默认值为 yes
Status	窗口是否显示状态栏，默认值为 yes
Toolbar	窗口是否显示工具栏，默认值为 yes
Resizable	窗口是否可以改变大小，默认值为 yes

5) close()方法

此方法用来关闭一个 window 对象，它里面不用任何参数，其基本用法如下：

窗口对象.close();

例如：

```
mywin = window.open("", "window1", "width=200 heiht=100")
mywin.close();
```

在用 open()方法弹出的窗口中，在网页浏览完后，为方便关闭当前窗口，可在网页的末尾处设置一个"关闭窗口"的链接，当用户单击时，即关闭当前窗口。实现的代码如下：

```
<a href="#" onclick="JavaScript:self.close()">关闭窗口</a>
```

语句中的 self 为 JavaScript 的一个关键字，代表网页所在的窗口对象。

6)　setTimeout()方法

此方法用于打开一个计时器，在里面有两个参数。

● 执行语句参数：计时器到达指定的时间时执行的操作。

● 时间值参数：用于指定时间值，当计时器到达这个时间时，才开始执行其中的操作，单位为毫秒。

其基本用法如下：

```
window.setTimeout(执行语句, 时间值);
```

例如：

```
window.setTimeout("add();", 200);
```

【例 6-7】使用 JavaScript 编程，实现在弹出新窗口 5 秒后，自动关闭弹出窗口。

分析：网页在装载时，会触发 onload 事件，可在<body>标记中为 onload 事件指定处理函数，然后在处理函数中启动定时器，从而实现网页装载时自动启动定时器的目的。其实现方法如下。

在网页的<head>与</head>标记间加入如下代码：

```
<Script language="JavaScript">
function closeit()
{ setTimeout("self.close()", 5000) }
</Script>
```

然后在<body>标记中为 onload 指定事件处理函数，具体代码为：

```
<body onload="closeit()">
```

源文件(char6\6-7.html)的代码如下：

```
<!DOCTYPE html>
<html>
<head>
<meta charset="utf-8">
<title>自动关闭弹出窗口</title>
<Script language="JavaScript">
function closeit()
{ setTimeout("self.close()", 5000) }
</Script>
</head>
<body onLoad="closeit()">
5 秒钟后自动关闭窗口！
</body>
</html>
```

其执行结果如图 6-8 所示。浏览器窗口 5 秒钟后自动弹出关闭提示框，单击"确定"按钮即可关闭窗口。

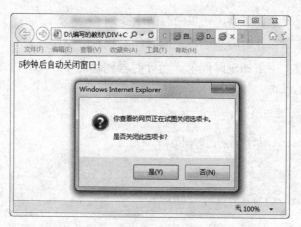

图 6-8　窗口自动关闭

7)　clearTimeout()方法

此方法用于关闭一个计时器。

其基本用法如下：

```
window.clearTimeout(timerID);
```

例如：

```
timer1 = window.setTimeout("add();", 200);
window.clearTimeout(timer1);
```

注意：在 JavaScript 中可以同时打开多个计时器，不同的计时器可用不同的 timerID 来控制。

6.4.3　document 对象

document 对象是 windows 对象的属性，它表示当前浏览器中加载的页面文档。可通过 window.document 属性对其进行访问。

1．document 对象的常用属性

● document.domain：返回文档所在的域名。

● document.referrer：返回链接到当前页面的那个页面的 URL。

● document.URL：返回当前页面的 URL。

● document.title：返回当前文档的标题，运行时间不能改变。

● document.lastModified：返回当前文档的最后修改日期。

● document.cookie：设置或者获取 Cookie 的值。

- document.location：设置或返回文档的 URL。

2．document 对象集合属性

document 对象具有一些集合类的属性，通过集合属性可以获取当前页面内所有的同类 HTML 元素。

- all：返回所有标记和对象。
- applets：返回文档中所有 applets 的集合。
- embeds：返回文档中所有 embeds 对象的集合。
- forms：返回文档中所有表单的集合。
- images：返回文档中所有 img 对象的集合。
- links：返回文档中所有链接的集合，即所有设置了 href 属性的<a>元素。
- stylesheets：返回所有样式属性对象。
- scripts：返回所有 script 程序对象。

3．document 对象的方法

- getElementById()：返回对拥有指定 id 的第一个对象的引用。
- getElementsByName()：返回带有指定名称的对象集合。
- getElementsByTagName()：返回带有指定标签名的对象集合。
- open()：打开要输入的文档。执行该方法后，文档中的当前内容被清除，可以使用 write 或 writeln 方法将新内容写到文档中。
- write()：向文档中写入 HTML 代码。执行该方法后，写入内容插入到文档的当前位置，但该文档要在执行 close 方法后才能显示出来。
- writeln()：向文档中写入 HTML 代码，在输出文字之后附加一个换行符\n。
- close()：关闭文档，并显示所有使用 write 或 writeln 方法写入的内容。
- clear()：清除当前文档的内容，刷新屏幕。

6.5　JavaScript 的事件处理

6.5.1　事件及响应方法

事件是浏览器响应用户操作的机制，JavaScript 的事件处理功能可改变浏览器相应操作的标准方式。这样就可以开发更具交互性、更具响应性和更易使用的 Web 页面。

事件说明用户与 Web 页面交互处理时产生的操作。例如，用户单击超链接或按钮时，或者输入窗体数据时，就会产生一个事件，告诉浏览器发生了操作，需要进行处理。浏览

器等待事件发生，并在事件发生时进行相应的事件处理工作。

1. 事件的类别

根据事件的触发者不同，事件可分为鼠标事件、键盘事件和浏览器事件三类。

- 鼠标事件：该类事件是由鼠标操作触发产生的，大部分对象均能识别和响应鼠标操作事件。常用的鼠标事件有 MouseOver、MouseOut、MouseDown、MouseUp、Click 和 DblClick。
- 键盘事件：该类事件由键盘操作触发产生。常用的键盘事件主要有 KeyDown、KeyUp 和 KeyPress。
- 浏览器事件：该类事件是由浏览器自身的某种操作触发产生的。比如网页在装载时，将触发 Load 事件；而当装载另一个网页时，在当前网页上便会触发 UnLoad 事件。

表单中的界面对象一般均能响应鼠标事件以及键盘事件，各对象能响应的常用事件如表 6-8 所示。

表 6-8　各对象的常用事件

事件名称	描　述
onBlur	发生在窗口失去焦点的时候
onChange	发生在文本输入区的内容被更改，然后焦点从文本输入区移走之后
onClick	发生在对象被单击的时候
onError	发生在错误发生的时候
onFocus	发生在窗口得到焦点的时候
onLoad	发生在文档全部下载完毕的时候
onMouseDown	发生在用户把鼠标放在对象上按下鼠标键的时候。参考 onMouseUp 事件
onMouseOut	发生在鼠标离开对象的时候。参考 onMouseOver 事件
onMouseOver	发生在鼠标进入对象范围的时候
onMouseUp	发生在用户把鼠标放在对象上鼠标键被按下后放开鼠标键的时候
onReset	发生在表单的"重置"按钮被单击(按下并放开)的时候
onResize	发生在窗口被调整大小的时候
onSubmit	发生在表单的"提交"按钮被单击(按下并放开)的时候
onUnload	发生在用户退出文档(或者关闭窗口，或者到另一个页面去)的时候
onSelect	当 Text 或 TextArea 对象中的文字被加亮后，引发该事件
onFocus	当用户单击 Text 或 TextArea 以及 Select 对象时产生该事件
onBlur	当 Text 对象或 TextArea 对象以及 Select 对象不再拥有焦点而退到后台时，引发该事件
onDblClick	鼠标双击事件
onKeyPress	当键盘上的某个键被按下并且释放时触发的事件(页面内必须有被聚焦的对象)

续表

事件名称	描　述
onKeyDown	当键盘上某个按键被按下时触发的事件(页面内必须有被聚焦的对象)
onKeyUp	当键盘上某个按键被放开时触发的事件(页面内必须有被聚焦的对象)
onMove	浏览器的窗口被移动时触发的事件

2. 事件的响应

当事件发生时，系统会自动查询该事件是否指定了处理函数，若指定了，则执行对应的事件处理函数，从而完成对事件的响应；若未指定，则什么也不执行。

事件的处理函数通过对象的事件句柄来指定，事件句柄可视为对象的一个属性，事件句柄的名称由"on+事件名"构成，比如 Click 事件，其对应的事件句柄名就是 onClick，其余依次类推。事件处理函数的指定方法为：

事件句柄=事件处理函数()或语句

事件句柄后面可以指定一个函数，也可以直接放置所要执行的语句。若要执行的语句较多，通常先将所要执行的语句定义成一个函数，然后在事件句柄后面指定该函数。

例如，当单击普通命令按钮时，若要执行 checkit()事件处理函数，则指定的方法为：

```
<input type="button" value="确定" onclick="checkit()">
```

6.5.2　document 的常用事件

document 对象代表当前网页，其常用事件有 Load、UnLoad。下面分别给予介绍。

1. Load 事件

Load 事件在网页被装载时触发，利用该事件可完成对网页所使用数据的初始化，或弹出提示窗口。Load 事件处理函数的执行先于网页中的其他脚本程序。为 Load 事件指定事件处理函数有两种方法，分别介绍如下。

(1) 利用<body>标记来指定。指定方法为：

```
<body onLoad=事件处理函数()或语句>
```

该种方法对于事件句柄 onLoad 不区分大小写。

例如：若要在网页加载时显示"欢迎光临本站！"的消息框，则实现的语句为：

```
<body onLoad="alert('欢迎光临本站！') ">
```

(2) 利用 document 对象来指定。在 HTML 标记中设置事件句柄，实质上是设置与标记相对应的浏览器对象的事件属性。事件属性名与事件句柄相同，但必须小写。<body>标记对应的是 document.body 对象，因此，也可在 JavaScript 中通过以下方法来指定事件处理

函数:

```
<Script Language="JavaScript">
document.body.onLoad=事件处理函数名;
</Script>
```

> **注意:** 由于该方法是给属性赋值,因此只能指定为一个函数,不能指定为语句,此时的事件函数名不要加括号。

例如,若要在网页加载时执行自定义函数 begin(),则实现的语句为:

```
document.body.onLoad = begin;
```

若网页加载时,需要执行多个函数,可先将要执行的多个函数收集定义成一个函数,然后再将该函数指定给 onLoad 属性。

由于网页是在浏览器窗口中加载显示的,因此,也可通过 window 对象来指定。其指定方法如下:

```
window.onLoad = 事件处理函数名;
```

例如:

```
window.onLoad = begin;
```

2. Unload 事件

当关闭窗口或者转到另一个页面的时候触发该事件。

事件处理函数的指定方法如下。

(1) <body onUnLoad=事件处理函数()或语句>

例如,若要在网页退出时显示"谢谢光临本站!"的消息框,则实现的语句为:

```
<body onUnload="alert('谢谢光临本站!')">
```

(2) document.onUnload=事件处理函数名;

例如:

```
<Script Language="JavaScript">
function bye() { alert("谢谢光临本站!"); }
document.onUnload = bye;
</Script>
```

习 题 6

1. 选择题

(1) 在 JavaScript 脚本中，以下语句用法中，不正确的是(　　)。

    A. var x=y=0;　　　　　　　　　B. sum+=3;

    C. var ==13;y+=x;　　　　　　　D. var result=(ts>=10)?1:0;

(2) 在 JavaScript 中，逻辑与运算操作符是(　　)。

    A. and　　　　　　B. ||　　　　　　C. &&　　　　　D. !

(3) 在以下表达式中，不符合 JavaScript 语法的是(　　)。

    A. y/=x+2　　　　　　　　　　　B. y=++x

    C. (x>10)?1:++x　　　　　　　　D. 1<x<7

(4) 在 JavaScript 中，若要退出循环，则实现的语句为(　　)。

    A. exit　　　　　　B. exit For　　　　C. continue　　　D. break

(5) 现有 JavaScript 脚本块：

```
<Script Language="JavaScript">
function test1()
{
    var x = 2;
    x+=x-=x*x+1;
    document.write(x);
}
</Script>
```

    调用 test1 函数后，其输出结果为(　　)。

    A. -1　　　　　　B. -2　　　　　　C. -6　　　　　　D. -3

(6) 在以下 JavaScript 脚本程序中，能正确运行，不会导致死循环的是(　　)。

    A.
```
Function test()
{ var x;
    for(x=1; x<10; x--);
}
```

    B.
```
Function test()
{ var x;
    for(x=1; x<10; x++);
}
```

C. Function test()

```
{ int x=1;

  do {

  } while(++x<10);

}
```

D. Function test()

```
{ int x=1;

  do {

  } while(x++);

}
```

(7) 现有 JavaScript 脚本块：

```
<Script Language="JavaScript">
function test2()
{
var x=11;
var y=0;
switch(y)
{
    case 0:
        switch(x++){
            case 1:y+=x;
            case 2:y=x*x-1;break;
        }
case 1:x++;y--;break;
}
document.write(x);
document.write(y);
}
</Script>
```

调用 test2 函数后，其输出结果为(   )。

A. 3 2   B. 2 3   C. 3 3   D. 13 -1

(8) 现有 JavaScript 脚本块：

```
<Script Language="JavaScript">
function test3()
{
var c,i=1;
var na=new Array("A","P","I");
c=na[0];
while(c){
    switch(c){
```

```
case "A":
case "P":c+=32;document.write(c);break;
default:document.write(c);}
c=na[++i];}
}
</Script>
```

　　调用 test3 函数后，其输出结果为(　　)。

　　　　A. a I　　　　　B. A I　　　　　C. A32 I　　　　D. a 32

　　(9) 在 JavaScript 中，现在字符串变量为 keyword，若要获得变量中存储的字符串的长度，以下实现方法中，正确的是(　　)。

　　　　A. len(keyword)　　　　　　　　B. math.len(keyword)

　　　　C. keyword.length　　　　　　　D. keyword.len

　　(10) 在 JavaScript 中，若要判断 E-mail 变量所存储的值是否含有@字符，以下各方法中，正确的是(　　)。

　　　　A. String.substring("@")　　　　B. String.indexOf("@")

　　　　C. Email.substring("@")　　　　D. Email.indexOf("@")

　　(11) 在 JavaScript 中，以下不属于 window 对象的方法的是(　　)。

　　　　A. Alert()　　　　B. open()　　　　C. clearTimeout()　　　D. val()

　　(12) 在 JavaScript 中，若要弹出一个输入窗口，应使用 window 对象的哪个方法来实现？(　　)

　　　　A. alert()　　　　B. inputbox()　　　C. prompt()　　　　D. confim()

　　(13) 在 JavaScript 中，若要获得网页文档最近被修改的日期和时间，以下实现方法中正确的是(　　)。

　　　　A. window.LastModify　　　　　B. window.lastModified

　　　　C. document.LastModified　　　　D. document.lastModify

　　(14) 在 JavaScript 中，若要让 frmlog 表单中名为 logname 的文本框获得输入焦点，则以下方法中正确有效的是(　　)。

　　　　A. frmlog.logname.setfocus()

　　　　B. document. frmlog.logname.focus()

　　　　C. document. frmlog.logname.setfocus()

　　　　D. document. frmlog.logname.blur()

2. 思考与回答

　　(1) JavaScript 内置对象有哪些？静态对象和动态对象的区别是什么？

　　(2) 常用的浏览器对象有哪些？window 对象的常用方法有哪些？

上机实验6

1. 实验目的

掌握 JavaScript 脚本的基本语法；掌握 JavaScript 脚本的基本对象及应用；能够用 JavaScript 编写简单的网页特效；能够在网页中使用常用的 CSS 结合 JavaScript 编写的特效。

2. 实验内容

(1) 在 Dreamweaver 中调试书上的各个实例。

(2) 下面是自动播放幻灯片效果的代码，请仔细阅读并在 Dreamweaver 中调试代码，在浏览器中预览效果。

```html
<!DOCTYPE html>
<html>
<head>
<meta http-equiv="Content-Type" content="text/html; charset=utf-8" />
<title>自动播放——幻灯片效果</title>
<style>
body,div,ul,li {
margin:0;padding:0;
}
ul {
list-style-type:none;
}
body {
background:#000;text-align:center;font:12px/20px Arial;
}
#box {
position:relative;width:492px;height:172px;
background:#fff;border-radius:5px;
border:8px solid #fff;margin:10px auto;
}
#box.list {
position:relative;
width:490px;height:170px;
overflow:hidden;border:1px solid #ccc;
}
#box.list li {
position:absolute;
top:0;left:0;
width:490px;height:170px;
opacity:0;filter:alpha(opacity=0);
}
```

```css
#box .list li.current {
opacity:1;filter:alpha(opacity=100);
}
#box .count {
position:absolute;right:0;bottom:5px;
}
#box .count li {
color:#fff;float:left;
width:20px;height:20px;
cursor:pointer;margin-right:5px;
overflow:hidden;background:#F90;
opacity:0.7;filter:alpha(opacity=70);
border-radius:20px;
}
#box .count li.current {
color:#fff;
opacity:1;filter:alpha(opacity=100);
font-weight:700;background:#f60;
}
#tmp {
width:100px;height:100px;
background:red;position:absolute;
}
</style>
<script type="text/javascript">
window.onload = function ()
{
var oBox = document.getElementById("box");
var aUl = document.getElementsByTagName("ul");
var aImg = aUl[0].getElementsByTagName("li");
var aNum = aUl[1].getElementsByTagName("li");
var timer = play = null;
var i = index = 0;
//切换按钮
for (i=0; i<aNum.length; i++)
{
aNum[i].index = i;
aNum[i].onmouseover = function()
{
show(this.index)
}
}
//鼠标滑过关闭定时器
oBox.onmouseover = function()
{
clearInterval(play)
};
```

```
//鼠标离开启动自动播放
oBox.onmouseout = function()
{
autoPlay()
};
//自动播放函数
function autoPlay()
{
play = setInterval(function () {
index++;
index >= aImg.length && (index = 0);
show(index);
},2000);
}
autoPlay(); //应用
//图片切换，淡入淡出效果
function show(a)
{
index = a;
var alpha = 0;
for (i=0; i<aNum.length; i++) aNum[i].className = "";
aNum[index].className = "current";
clearInterval(timer);
for (i=0; i<aImg.length; i++)
{
aImg[i].style.opacity = 0;
aImg[i].style.filter = "alpha(opacity=0)";
}
timer = setInterval(function() {
alpha += 2;
alpha > 100 && (alpha = 100);
aImg[index].style.opacity = alpha / 100;
aImg[index].style.filter = "alpha(opacity = " + alpha + ")";
alpha == 100 && clearInterval(timer)
},20);
}
};
</script>
</head>
<body>
<div id="box">
    <ul class="list">
        <li class="current">
<img src="img/01.jpg" width="490" height="170" /></li>
        <li><img src="img/02.jpg" width="490" height="170" /></li>
        <li><img src="img/03.jpg" width="490" height="170" /></li>
        <li><img src="img/04.jpg" width="490" height="170" /></li>
```

```
        <li><img src="img/05.jpg" width="490" height="170" /></li>
    </ul>
    <ul class="count">
    <li class="current">1</li>
    <li>2</li>
    <li>3</li>
    <li>4</li>
    <li>5</li>
    </ul>
</div>
</body>
</html>
```

页面效果如图 6-9 所示。

图 6-9　网页在 IE 浏览器中的预览效果

第 7 章　CSS 与 jQuery 的整合使用

本章要点

- jQuery 简介
- jQuery 选择器
- jQuery 事件
- jQuery 效果
- CSS 与 jQuery 应用实例

jQuery 是一个 JavaScript 函数库。jQuery 极大地简化了 JavaScript 编程。jQuery 文件可以从网上下载(https://code.jquery.com/)。目前 jQuery 的最新版本是 3.x。

通过 jQuery 和 CSS 相配合可以实现很多动态的页面效果。本章将介绍 jQuery 基本应用以及 jQuery 与 CSS 的配合实现多种动态网页效果。

7.1　jQuery 概述

jQuery 是一个快速、简洁的 JavaScript 框架，是继 Prototype 之后又一个优秀的 JavaScript 代码库(或 JavaScript 框架)。jQuery 设计的宗旨倡导写更少的代码，做更多的事情。它封装 JavaScript 常用的功能代码，提供一种简便的 JavaScript 设计模式，优化 HTML 文档操作、事件处理、动画设计和 Ajax 交互。

7.1.1　jQuery 简介

jQuery 是一个 JavaScript 函数库。jQuery 的核心特性可以总结为：具有独特的链式语法和短小清晰的多功能接口；具有高效灵活的 CSS 选择器，并且可对 CSS 选择器进行扩展；拥有便捷的插件扩展机制和丰富的插件。jQuery 兼容各种主流浏览器，如 IE 6.0 及以上版本、Safari 2.0 及以上版本、Opera 9.0 及以上版本等。

jQuery 库包含以下特性。

- HTML 元素选取。
- HTML 元素操作。
- CSS 操作。
- HTML 事件函数。

- JavaScript 特效和动画。
- HTML DOM 遍历和修改。
- Ajax。
- Utilities。

7.1.2 在网页中使用 jQuery

在网页中使用 jQuery，只需在网页头部添加 jQuery 库文件。例如，jQuery 库位于一个 JavaScript 文件中，其中包含了所有的 jQuery 函数，可以通过下面的标记把 jQuery 添加到 网页中：

```
<head>
<script type="text/javascript" src="jquery.js"></script>
</head>
```

jQuery 基础语法是：$(selector).action()。

- 美元符号定义 jQuery。
- 选择符(selector) "查询" 和 "查找" HTML 元素。
- jQuery 的 action() 执行对元素的操作。

所有 jQuery 函数都要位于一个 document ready 函数中，这是为了防止文档在完全加载 (就绪)之前运行 jQuery 代码。

```
$(document).ready(function(){
--- jQuery functions go here ----
});
```

7.1.3 jQuery 的选择器

jQuery 通过选择器对 HTML 元素组或单个元素进行操作。

jQuery 选择器基于元素的 id、类、类型、属性、属性值等 "查找" (或选择)HTML 元 素。它基于已经存在的 CSS 选择器，除此之外，它还有一些自定义的选择器。

jQuery 中所有选择器都以美元符号开头：$()。

1. jQuery 元素选择器

jQuery 元素选择器基于元素名选取元素。

例如：

$("p") 在页面中选取所有<p>元素。

$("p.intro") 选取所有 class="intro" 的 <p> 元素。

$("p#demo") 选取所有 id="demo" 的 <p> 元素。

2．jQuery 属性选择器

jQuery 使用 XPath 表达式来选择带有给定属性的元素。

例如：

$("[href]") 选取所有带有 href 属性的元素。

$("[href='#']") 选取所有带有 href 值等于"#"的元素。

$("[href!='#']") 选取所有带有 href 值不等于"#"的元素。

$("[href$='.jpg']") 选取所有 href 值以".jpg"结尾的元素。

3．jQuery CSS 选择器

jQuery CSS 选择器可用于改变 HTML 元素的 CSS 属性。

例如，下面的例子把所有 p 元素的背景颜色更改为红色：

```
$("p").css("background-color","red");
```

表 7-1 列出了常用 jQuery 选择器。

表 7-1　常用 jQuery 选择器

序　号	语　法	描　述
1	$(this)	选取当前 HTML 元素
2	$("p")	选取所有\<p\>元素
3	$("p.intro")	选取所有 class="intro"的\<p\>元素
4	$(".intro")	选取所有 class="intro"的元素
5	$("#intro")	选取 id="intro"的元素
6	$("ul li:first")	选取每个\<ul\>的第一个\<li\>元素
7	$("[href$='.jpg']")	选取所有带有以".jpg"结尾的属性值的 href 属性
8	$("div#intro .head")	选取 id="intro"的\<div\>元素中的所有 class="head"的元素

7.1.4　jQuery 的事件

jQuery 事件处理方法是 jQuery 中的核心函数。

事件处理程序指的是当 HTML 中发生某些事件时所调用的方法。通常会把 jQuery 代码放到 \<head\>部分的事件处理方法中。

【例 7-1】单击页面按钮，段落文字隐藏。源文件(char7\7-1.html)的代码如下：

```
<!DOCTYPE html>
<html>
<head>
<meta charset="utf-8">
<title>无标题文档</title>
```

```
<script type="text/javascript" src="js/jquery-3.2.1.js"></script>
<script type="text/javascript">
$(document).ready(function(){
  $("button").click(function(){
    $("p").hide();
  });
});
</script>
</head>

<body>
<h2>标题文字(单击下面的按钮不会被隐藏)</h2>
<p>第一段落文字(单击下面的按钮会被隐藏)。</p>
<p>第二段落文字(单击下面的按钮会被隐藏)。</p>
<button>单击隐藏段落</button>
</body>
</html>
```

该例中$(document).ready(function)的作用是将函数绑定到文档的就绪事件，也就是当文档完成加载时即将执行的事件方法。$("button").click(function()的作用是单击<button>标签将要执行的事件方法。$("p").hide()的作用是将文档中所有的<p>标签内容隐藏。运行效果如图 7-1 所示。

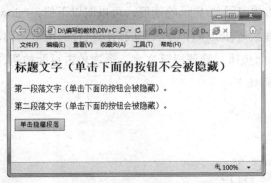

图 7-1　单击按钮事件

表 7-2 列出了 jQuery 中常用的事件方法。

表 7-2　常用的 jQuery 事件方法

序　号	语　法	描　述
1	$(document).ready(function)	将函数绑定到文档的就绪事件(当文档完成加载时)
2	$(selector).click(function)	触发或将函数绑定到被选元素的单击事件
3	$(selector).dblclick(function)	触发或将函数绑定到被选元素的双击事件
4	$(selector).focus(function)	触发或将函数绑定到被选元素的获得焦点事件
5	$(selector).mouseover(function)	触发或将函数绑定到被选元素的鼠标悬停事件

7.1.5 jQuery 效果实例

1. 隐藏和显示

1) jQuery 的 hide()和 show()方法

通过 jQuery,可以使用 hide()和 show()方法来隐藏和显示 HTML 元素。

语法:

```
$(selector).hide(speed,callback);
$(selector).show(speed,callback);
```

可选的 speed 参数规定隐藏/显示的速度,可以取以下值:"slow"、"fast" 或毫秒。

可选的 callback 参数是隐藏或显示完成后所执行的函数名称。

2) jQuery 的 toggle()方法

通过 jQuery,可以使用 toggle()方法来切换 hide()和 show()方法。该方法可以显示被隐藏的元素,并隐藏已显示的元素。

语法:

```
$(selector).toggle(speed,callback);
```

可选的 speed 参数规定隐藏/显示的速度,可以取以下值:"slow"、"fast" 或毫秒。

可选的 callback 参数是 toggle() 方法完成后所执行的函数名称。

【例 7-2】单击页面按钮,隐藏段落文字,再次单击页面按钮,显示段落文字。源文件(char7\7-2.html)的代码如下:

```html
<!DOCTYPE html>
<html>
<head>
<meta charset="utf-8">
<title>无标题文档</title>
<script type="text/javascript" src="js/jquery-3.2.1.js"></script>
<script type="text/javascript">
$(document).ready(function(){
$("button").click(function(){
  $("p").toggle();
});

});
</script>
</head>
<body>
<h3>单击下面的按钮段落文字隐藏,再次单击按钮,段落文字显示</h3>
<p>第一段落文字(单击下面的按钮会被隐藏/显示)。</p>
```

```
<p>第二段落文字(单击下面的按钮会被隐藏/显示)。</p>
<button>单击隐藏/显示段落</button>
</body>
</html>
```

其执行结果如图 7-2 所示。

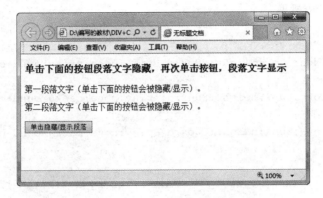

图 7-2　toggle()方法的使用

2．淡入淡出效果

通过 jQuery 实现元素的淡入淡出效果主要用以下四种 fade 方法。

● fadeIn()；

● fadeOut()；

● fadeToggle()；

● fadeTo()。

1)　jQuery 的 fadeIn()方法

jQuery 的 fadeIn()用于淡入已隐藏的元素。

语法：

```
$(selector).fadeIn(speed,callback);
```

可选的 speed 参数规定效果的时长。它可以取以下值："slow"、"fast" 或毫秒。可选的 callback 参数是 fadeIn 完成后所执行的函数名称。

2)　jQuery 的 fadeOut()方法

jQuery 的 fadeOut()方法用于淡出可见元素。

语法：

```
$(selector).fadeOut(speed,callback);
```

可选的 speed 参数规定效果的时长。它可以取以下值："slow"、"fast" 或毫秒。可选的 callback 参数是 fadeOut 完成后所执行的函数名称。

【例 7-3】单击页面左侧按钮，三个区块淡入；单击页面右侧按钮，三个区块淡出。

源文件(char7\7-3.html)的代码如下:

```
<!DOCTYPE html>
<html>
<head>
<title>
jQuery 的淡入淡出效果
</title>
<style type="text/css">
    #div1{width:80px;height:80px;display:none;background-color:red;
    }
    #div2{width:80px;height:80px;display:none;background-color:green;
    }
    #div3{width:80px;height:80px;display:none;background-color:blue;
    }
</style>
<script type="text/javascript" src="js/jquery-3.2.1.js"></script>
<script>
$(document).ready(function(){
  $("button#a1").click(function(){
    $("#div1").fadeIn();
    $("#div2").fadeIn("slow");
    $("#div3").fadeIn(3000);
  });
    $("button#a2").click(function(){
    $("#div1").fadeOut();
    $("#div2").fadeOut("slow");
    $("#div3").fadeOut(3000);
  });
});
</script>
</head>

<body>
<p>演示带有不同参数的 fadeIn()和 fadeOut() 方法。</p>
<button id="a1">点击这里,使三个矩形淡入</button>
<button id="a2">点击这里,使三个矩形淡出</button>
<div id="div1"></div>
<div id="div2"></div>
<div id="div3""></div>
</body>
</html>
```

程序运行效果如图 7-3 所示。单击页面左侧按钮,三个区块淡入;单击页面右侧按钮,三个区块淡出。注意观察三个区块的淡入淡出效果。

图 7-3　淡入淡出效果

3)　jQuery 的 fadeToggle() 方法

jQuery 的 fadeToggle() 方法可以在 fadeIn() 与 fadeOut() 方法之间进行切换。如果元素已淡出，则 fadeToggle() 会向元素添加淡入效果；如果元素已淡入，则 fadeToggle() 会向元素添加淡出效果。

语法：

```
$(selector).fadeToggle(speed,callback);
```

可选的 speed 参数规定效果的时长。它可以取以下值："slow"、"fast" 或毫秒。可选的 callback 参数是 fadeToggle 完成后所执行的函数名称。

【例 7-4】单击页面按钮，查看区块的淡入淡出效果。源文件(char7\7-4.html)的代码如下：

```
<!DOCTYPE html>
<html>
<head>
<title>jQuery 的淡入淡出效果</title>
<style type="text/css">
    #div1{width:80px;height:80px;display:none;background-color:red;
    }
</style>
<script type="text/javascript" src="js/jquery-3.2.1.js"></script>
<script>
$(document).ready(function(){
  $("button").click(function(){
    $("#div1").fadeToggle();
  });
});
</script>
```

```
</head>

<body>
<p>演示带有不同参数的 fadeToggle() 方法。</p>
<button>矩形淡入/淡出</button>
<br><br>
<div id="div1"></div>
</body>
</html>
```

程序运行效果如图 7-4 所示。单击页面按钮，区块淡入；再次单击页面按钮，区块淡出。

图 7-4　区块淡入淡出效果

4)　jQuery 的 fadeTo()方法

jQuery 的 fadeTo()方法允许渐变为给定的不透明度(值介于 0 与 1 之间)。

语法:

```
$(selector).fadeTo(speed,opacity,callback);
```

参数 speed 规定效果的时长，为必选项。它可以取以下值："slow"、"fast" 或毫秒。参数 opacity 将淡入淡出效果设置为给定的不透明度(值介于 0 与 1 之间)，为必选项。

可选的 callback 参数是该函数完成后所执行的函数名称。

【例 7-5】单击页面按钮，查看图片渐变效果。源文件(char7\7-5.html)的代码如下:

```
<!DOCTYPE html>
<html>
<head>
<title>jQuery 的淡入淡出效果透明度</title>
<style type="text/css">
    #div1{width:80px;height:80px;display:none;background-color:red;
    }
</style>
<script type="text/javascript" src="js/jquery-3.2.1.js"></script>
<script>
```

```
$(document).ready(function(){
  $("button").click(function(){
    $("img").fadeTo("slow",0.75);
  });
});
</script>
</head>
<body>
<p>演示 jQuery fadeTo()方法。</p>
<button>图像渐变效果</button>
<br><br>
<img src="imges/back01.jpg" width="299" height="199" alt="图片">
</body>
</html>
```

程序运行效果如图 7-5 所示。单击页面按钮，图片变为半透明。可以通过改变 opacity
参数值来改变透明度。

图 7-5　图片透明度

3. jQuery 的滑动

通过 jQuery 实现元素的滑动效果有以下三种方法。

- slideDown();
- slideUp();
- slideToggle()。

1)　slideDown()方法

jQuery 的 slideDown() 方法用于向下滑动元素。

语法：

```
$(selector).slideDown(speed,callback);
```

　　参数 speed 规定效果的时长。它可以取以下值："slow"、"fast" 或毫秒。参数 callback 是滑动完成后所执行的函数名称。

　　2) slideUp ()方法

　　jQuery 的 slideUp()方法用于向上滑动元素。

　　语法：

```
$(selector).slideUp(speed,callback);
```

　　参数 speed 规定效果的时长。它可以取以下值："slow"、"fast" 或毫秒。参数 callback 是滑动完成后所执行的函数名称。

　　3) slideToggle ()方法

　　jQuery 的 slideToggle() 方法可以在 slideDown() 与 slideUp() 方法之间进行切换。如果元素向下滑动，则 slideToggle() 可向上滑动它们；如果元素向上滑动，则 slideToggle() 可向下滑动它们。

　　语法：

```
$(selector).slideToggle(speed,callback);
```

　　参数 speed 规定效果的时长。它可以取以下值："slow"、"fast" 或毫秒。参数 callback 是滑动完成后所执行的函数名称。

　　【例 7-6】单击页面按钮，查看元素滑动效果。源文件(char7\7-6.html)的代码如下：

```
<!DOCTYPE html>
<html>
<head>
<title>jQuery 的滑动效果</title>
<script type="text/javascript" src="js/jquery-3.2.1.js"></script>
<script type="text/javascript">
$(document).ready(function(){
$(".flip").click(function(){
    $(".panel").slideToggle("slow");
  });
});
</script>
<style type="text/css">
div.panel,p.flip
{
margin:0px;
padding:5px;
text-align:center;
background:#e5eecc;
border:solid 1px #c3c3c3;
}
div.panel
```

```
{
height:180px;
display:none;
}
</style>
</head>
<body>
<div class="panel">
<h3>jQuery 滑动效果的演示</h3>
<p>jQuery slideDown() 方法用于向下滑动元素。</p>
<p>jQuery slideUp() 方法用于向上滑动元素。</p>
<p>jQuery slideToggle() 方法可以在 slideDown() 与 slideUp() 方法之间进行</p>
</div>
<p class="flip">请点击这里</p>
</body>
</html>
```

程序运行效果如图 7-6 所示。单击页面按钮，页面上的文字就会以滑动方式显示或隐藏。

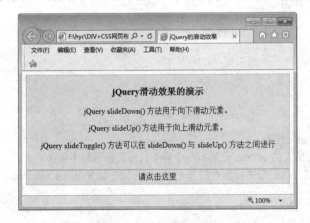

图 7-6　元素的滑动效果

4. jQuery 的动画设置

jQuery 的 animate()方法用于创建自定义动画。

语法：

`$(selector).animate({params},speed,callback);`

参数 params 用于定义形成动画的 CSS 属性。

可选的 speed 参数规定效果的时长。它可以取以下值："slow"、"fast" 或毫秒。

可选的 callback 参数是动画完成后所执行的函数名称。

> **说明：** 默认地，所有 HTML 元素都有一个静态位置，且无法移动。如需对位置进行操作，要记得首先把元素的 CSS position 属性设置为 relative、fixed 或 absolute！

【例 7-7】单击页面按钮，查看 animate()方法的动画效果。源文件(char7\7-7.html)的代码如下：

```
<!DOCTYPE html>
<html>
<head>
<meta charset="utf-8">
<title>jQuery 的动画效果</title>
<script type="text/javascript" src="js/jquery-3.2.1.js"></script>
</script>
<script>
$(document).ready(function(){
  $("button").click(function(){
    $("div").animate({
      left:'100px',
      opacity:'0.5',
      height:'150px',
      width:'150px'
    });
  });
});
</script>
</head>


<body>
<button>开始动画</button>
<p>默认情况下，所有的 HTML 元素有一个静态的位置，且是不可移动的。
如果需要改变位置，我们需要将元素的 position 属性设置为 relative, fixed, 或
absolute!</p>
<div
style="background:#98bf21;height:100px;width:100px;position:absolute;">
</div>
</body>
</html>
```

在浏览器中运行程序，单击页面上的按钮，矩形区块移动到距离左边 100px 的位置，透明度变为 0.5，高度变为 150px，宽度变为 150px，如图 7-7 所示。

5. jQuery 的停止动画方法

jQuery stop()方法用于在动画完成之前停止动画或效果。

stop()方法适用于所有 jQuery 效果函数，包括滑动、淡入淡出和自定义动画。

语法：

```
$(selector).stop(stopAll,goToEnd);
```

可选的 stopAll 参数规定是否应该清除动画队列。默认是 false，即仅停止活动的动画，

允许任何排入队列的动画向后执行。

可选的 goToEnd 参数规定是否立即完成当前动画，默认是 false。

因此，默认地，stop()方法会清除在被选元素上指定的当前动画。

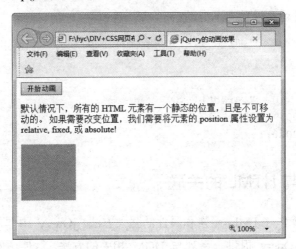

图 7-7 animate()方法动画效果

6. jQuery 的 Callback 函数

Callback 函数在当前动画 100% 完成之后执行。

语法：

```
$(selector).hide(speed,callback)
```

callback 参数是一个在 hide 操作完成后被执行的函数。

注意下面两段代码的区别：

以下实例在隐藏效果完全实现后回调函数，弹出消息框。

```
$("button").click(function(){
$("p").hide("slow",function(){
alert("段落现在被隐藏了");
});
});
```

以下实例没有回调函数，警告框会在隐藏效果完成前弹出。

```
$("button").click(function(){
$("p").hide(1000);
alert("段落现在被隐藏了");
});
```

7. jQuery 的链(Chaining)

jQuery 的 Chaining 结构允许在一条语句中书写多个 jQuery 方法(在相同的元素上)。这样的话，浏览器就不必多次查找相同的元素。如需链接一个动作，只需简单地把该动作追加到之前的动作上。

例如，下面的例子把 css()、slideUp()、slideDown() 链接在一起。"p1" 元素首先会变为红色，然后向上滑动，最后向下滑动：

```
$("#p1").css("color","red").slideUp(2000).slideDown(2000);
```

也可以分行写：

```
$("#p1").css("color","red")
  .slideUp(2000)
  .slideDown(2000);
```

7.1.6 jQuery 与 HTML 的关联

jQuery 拥有可操作 HTML 元素和属性的强大方法。jQuery 中非常重要的部分，就是操作 DOM 的能力。jQuery 提供一系列与 DOM 相关的方法，这使访问和操作元素与属性变得很容易。

1. jQuery 获取或设置内容和属性

要获取或设置元素内容，jQuery 有下面三种方法。

● text()：设置或返回所选元素的文本内容。

● html()：设置或返回所选元素的内容(包括 HTML 标记)。

● val()：设置或返回表单字段的值。

【例 7-8】获取页面元素的内容。源文件(char7\7-8.html)的代码如下：

```
<!DOCTYPE html>
<html>
<meta charset="utf-8">
<head>
<script type="text/javascript" src="js/jquery-3.2.1.js"></script>
</script>
<script>
$(document).ready(function(){
  $("#btn1").click(function(){
    alert("Text: " + $("#test1").text());
  });
  $("#btn2").click(function(){
    alert("HTML: " + $("#test1").html());
  });
  $("#btn3").click(function(){
    alert("值为: " + $("#test2").val());
  });
```

```
});
</script>
</head>

<body>
<p id="test1">这是段落中的 <b>粗体</b> 文本。</p>
<p>名称: <input type="text" id="test2" value="hello world! "></p>
<button id="btn1">显示段落文本</button>
<button id="btn2">显示段落 HTML</button>
<button id="btn3">显示文本框值</button>
</body>
</html>
```

在浏览器中运行程序，单击页面上的按钮，显示相应的元素内容。图 7-8 所示为单击了页面上第三个按钮的效果。

图 7-8　获取页面元素内容

【例 7-9】设置页面元素的内容。源文件(char7\7-9.html)的代码如下:

```
<!DOCTYPE html>
<html>
<meta charset="utf-8">
<head>
<script type="text/javascript" src="js/jquery-3.2.1.js"></script>
</script>
<script>
$(document).ready(function(){
  $("#btn1").click(function(){
    $("#test1").text("替换的段落! ");
  });
  $("#btn2").click(function(){
    $("#test2").html("<b>替换的段落! (带有格式)</b>");
```

```
  });
  $("#btn3").click(function(){
    $("#test3").val("替换的值");
  });
});
</script>
</head>
<body>
<p id="test1">这是一个初始段落。</p>
<p id="test2">这是另外一个段落。</p>
<p>输入框: <input type="text" id="test3" value="初始文本"></p>
<button id="btn1">设置文本</button>
<button id="btn2">设置 HTML</button>
<button id="btn3">设置值</button>
</body>
</html>
```

在浏览器中运行程序，单击页面上的按钮，原来相应的元素内容就被替换了，如图 7-9 所示。

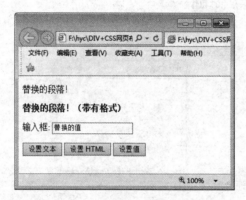

图 7-9   设置页面元素内容

2. jQuery 操作 CSS

jQuery 操作 CSS 主要有以下方法。

- addClass()：向被选元素添加一个或多个类。
- removeClass()：从被选元素删除一个或多个类。
- toggleClass()：对被选元素进行添加/删除类的切换操作。
- css()：设置或返回样式属性。

【例 7-10】给指定元素添加/删除类。源文件(char7\7-10.html)的代码如下：

```
<!DOCTYPE html>
<html>
<meta charset="utf-8">
<head>
```

```
<script type="text/javascript" src="js/jquery-3.2.1.js"></script>
</script>
<script>
$(document).ready(function(){
  $("btn1").click(function(){
    $("h1,h2").addClass("red");
     $("p").addClass("blue");
  });
$("btn2").click(function(){
  $("h1,h2").removeClass("red");
  $("p").removeClass("blue");
  });
});
</script>
<style type="text/css">
.red{
    color:red;
}
.blue{
    color:blue;
}
</style>
</head>
<body>
<h1>标题 1</h1>
<h2>标题 2</h2>
<p>这是一个段落。</p>
<p>这是另外一个段落。</p>
<button> id="btn1" 添加元素 class</button>
<button id="btn2">移除元素 class</button>
</body>
</html>
```

在浏览器中运行程序，单击页面上第一按钮，元素就被添加了类。标题文字变为红色，段落文字变为蓝色。单击页面上第二个按钮，元素上的类被移除。标题和段落文字都变成了黑色。程序运行效果如图 7-10 所示。

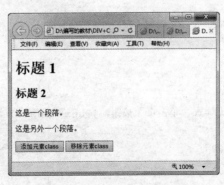

图 7-10 添加/删除元素上的类

上例通过 addClass()方法和 removeClass()方法实现了向元素添加类和删除类。在实际应用中，如果要实现这种效果，可以用 jQuery 的 toggleClass()方法实现对被选元素进行添加/删除类的切换操作。例如：

```
$(document).ready(function(){
  $("button").click(function(){
    $("h1,h2,p").toggleClass("blue");
  });
});
```

上述代码可以实现单击页面按钮，<h1>、<h2>和<p>标记中的文字在蓝色和黑色之间切换。

jQuery css()方法用于设置或返回被选元素的一个或多个样式属性。

返回指定的 CSS 属性值的语法为：

```
css("propertyname");
```

例如，$("p").css("background-color")返回首个匹配元素的 background-color 值。

设置指定的 CSS 属性值的语法为：

```
css("propertyname","value");
```

【例 7-11】 给指定元素设置 CSS 属性值。源文件(char7\7-11.html)的代码如下：

```
<!DOCTYPE html>
<html>
<meta charset="utf-8">
<title>jQuery css()方法的使用</title>
<head>
<script type="text/javascript" src="js/jquery-3.2.1.js"></script>
</script>
<script>
$(document).ready(function(){
  $("button").click(function(){
    $("p").css({"background-color":"yellow","font-size":"22px"});
  });
});
</script>
</head>
<body>
<h2>这是一个标题</h2>
<p>这是一个段落，初始无样式。单击页面按钮，jQuery css()方法将为页面所有段落设置CSS
属性值。</p>
<p>这是另一个段落。</p>
<button>为 p 元素设置样式</button>
</body>
</html>
```

在浏览器中运行程序，单击页面按钮，段落文字就被设置了 CSS 属性值。即段落背景色为黄色，字号为 22px，如图 7-11 所示。

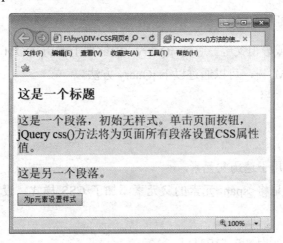

图 7-11　设置 CSS 属性值

7.1.7　jQuery 的遍历

jQuery 的遍历，意为"移动"，用于根据其相对于其他元素的关系来"查找"(或选取)HTML 元素。以某项选择开始，并沿着这个选择移动，直到抵达期望的元素为止。

图 7-12 展示了一个家族树。通过 jQuery 的遍历，能够从被选(当前的)元素开始，轻松地在家族树中向上移动(祖先)，向下移动(子孙)，水平移动(同胞)。这种移动被称为对 DOM 进行遍历。

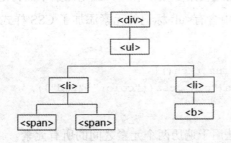

图 7-12　DOM 家族树

从图中可以看出：

(1)　<div> 元素是 <ul> 的父元素，同时是其中所有内容的祖先。

(2)　<ul> 元素是 <li> 元素的父元素，同时是 <div> 的子元素。

(3)　左边的 <li> 元素是 <span> 的父元素，<ul> 的子元素，同时是 <div> 的后代。

(4)　<span> 元素是 <li> 的子元素，同时是 <ul> 和 <div> 的后代。

(5)　两个 <li> 元素是同胞(拥有相同的父元素)。

(6) 右边的 `<li>` 元素是 `<b>` 的父元素，`<ul>` 的子元素，同时是 `<div>` 的后代。

(7) `<b>` 元素是右边的 `<li>` 的子元素，同时是 `<ul>` 和 `<div>` 的后代。

1. jQuery 遍历祖先的方法

祖先是父、祖父或曾祖父等。通过 jQuery，能够向上遍历 DOM 树，以查找元素的祖先。要向上遍历 DOM 树，可以通过以下 jQuery 方法。

- parent();
- parents();
- parentsUntil()。

(1) parent()方法用于遍历父元素。

例如，下面代码是将`<span>`元素的父元素添加了 CSS 样式，设置其父元素前景色为红色。

```
$(document).ready(function(){
  $("span").parent().css({"color":"red"});
});
```

(2) parents()方法用于遍历祖先元素。

例如，下面代码是将`<span>`元素的祖先元素添加了 CSS 样式，设置其祖先元素前景色为红色。注意与上面代码的区别。

```
$(document).ready(function(){
  $("span").parents().css({"color":"red"});
});
```

parents()方法还可以通过使用参数，来遍历祖先元素中的特定元素。例如，下面代码是将`<span>`元素的祖先元素中含有`<ul>`标记的元素添加了 CSS 样式,设置元素前景色为红色。注意与上面代码的区别。

```
$(document).ready(function(){
  $("span").parents("ul").css({"color":"red"});
});
```

(3) parentsUntil()方法用于遍历两个元素之间的所有元素。

例如，下面代码是将介于`<span>`与`<div>`元素之间的所有祖先元素添加了 CSS 样式,设置元素前景色为红色。注意与上面代码的区别。

```
$(document).ready(function(){
  $("span").parentsUntil("div").css({"color":"red"});
});
```

2. jQuery 遍历后代的方法

后代是子、孙、曾孙等。通过 jQuery，能够向下遍历 DOM 树，以查找元素的后代。

要向下遍历 DOM 树，可以通过以下 jQuery 方法。

- children();
- find()。

(1)　children()方法返回被选元素的所有直接子元素。该方法只会向下一级对 DOM 树进行遍历。

例如，下面的代码返回每个<div>元素的所有直接子元素。

```
$(document).ready(function(){
 $("div").children();
});
```

可以使用可选参数来过滤对子元素的搜索。例如，下面的例子返回类名为 "c1" 的所有 <p> 元素，并且它们是 <div> 的直接子元素。

```
$(document).ready(function(){
 $("div").children("p.c1");
});
```

(2)　find() 方法返回被选元素的后代元素，一路向下直到最后一个后代。

例如，下面的代码返回属于<div> 后代的所有 <span> 元素。

```
$(document).ready(function(){
 $("div").find("span");
});
```

下面的例子返回 <div> 的所有后代。

```
$(document).ready(function(){
 $("div").find("*");
});
```

3．jQuery 遍历同胞(siblings)的方法

同胞是指拥有相同的父元素的元素。通过 jQuery，能够在 DOM 树中遍历元素的同胞元素。有许多有用的方法可以在 DOM 树进行水平遍历：

- siblings();
- next();
- nextAll();
- nextUntil();
- prev();
- prevAll();
- prevUntil()。

(1) siblings()方法用于返回被选元素的所有同胞元素。

例如，下面代码返回 <h2> 的所有同胞元素。

```
$(document).ready(function(){
$("h2").siblings();
});
```

可以使用可选参数来过滤对同胞元素的搜索。例如，下面的代码返回属于<h2>的同胞元素的所有 <p> 元素。

```
$(document).ready(function(){
$("h2").siblings("p");
});
```

【例 7-12】遍历同胞元素中的指定元素，将其设为红色。源文件(char7\7-12.html)的代码如下：

```
<!DOCTYPE html>
<html>
<meta charset="utf-8">
<head>
<script type="text/javascript" src="js/jquery-3.2.1.js"></script>
</script>
<script>
$(document).ready(function(){
  $("button").click(function(){
    $("h2").siblings("p").css({"color":"red","font-size":"12px"});
  });
});
</script>
</head>

<body>
<h2>这是标题 2</h2>
<h3>这是标题 3，和标题 2 是同胞元素。</h3>
<h4>这是标题 4，和标题 2 是同胞元素。</h4>
<p>这是一个段落，和标题 2 是同胞元素。</p>
<p>这是另一个段落，和标题 2 是同胞元素。</p>
<button>为 h2 同胞元素中的 p 元素设置红色</button>
</body>
</html>
```

该例中，h2、h3、h4 和 p 都是同胞元素，通过参数搜索到 h2 同胞中的 p 元素，将其设置为红色。在浏览器中运行程序，单击页面按钮，段落文字就被设置成红色，如图 7-13 所示。

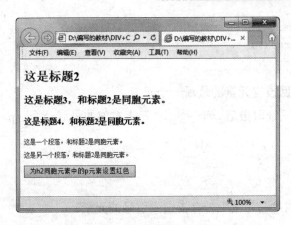

图 7-13　遍历同胞元素

(2)　next() 方法返回被选元素的下一个同胞元素。该方法只返回一个元素。

例如，下面的代码返回 <h2> 的下一个同胞元素。

```
$(document).ready(function(){
 $("h2").next();
});
```

(3)　nextAll() 方法返回被选元素的所有跟随的同胞元素。上面的同胞元素不返回。

例如，下面的代码返回 <h2> 的所有跟随的同胞元素。

```
$(document).ready(function(){
 $("h2").nextAll();
});
```

(4)　nextUntil() 方法返回介于两个给定参数之间的所有跟随的同胞元素。

例如，下面的代码返回介于 <h2> 与 <h6> 元素之间的所有同胞元素。

```
$(document).ready(function(){
 $("h2").nextUntil("h6");
});
```

(5)　prev()、prevAll() 和 prevUntil() 方法的工作方式与上面的方法类似，只不过方向相反而已：它们返回的是前面的同胞元素(在 DOM 树中沿着同胞之前元素遍历，而不是之后元素遍历)。

4．jQuery 遍历过滤的方法

通过 jQuery 遍历过滤，可以缩小搜索的范围。jQuery 遍历过滤三个最基本的过滤方法是：first()、last()和 eq()，它们允许基于其在一组元素中的位置来选择一个特定的元素。其他过滤方法，比如 filter()和 not()允许选取匹配或不匹配某项指定标准的元素。

(1)　first()方法返回被选元素的首个元素。

例如，下面的代码选取首个 <div> 元素内部的第一个 <p> 元素。

```
$(document).ready(function(){
 $("div p").first();
});
```

(2) last()方法返回被选元素的最后一个元素。

例如，下面的代码选取最后一个 <div> 元素内部的最后一个 <p> 元素。

```
$(document).ready(function(){
 $("div p").last();
});
```

(3) eq()方法返回被选元素中带有指定索引号的元素。

索引号从 0 开始，因此首个元素的索引号是 0 而不是 1。下面的例子选取第二个 <p>元素(索引号 1)。

```
$(document).ready(function(){
 $("p").eq(1);
});
```

(4) filter()方法允许规定一个标准。不匹配这个标准的元素会被从集合中删除，匹配的元素会被返回。

下面的例子返回带有类名 "url" 的所有 <p> 元素。

```
$(document).ready(function(){
 $("p").filter(".url");
});
```

(5) not()方法返回不匹配标准的所有元素。not() 方法与 filter()方法相反。

下面的例子返回不带有类名 "url" 的所有 <p> 元素。

```
$(document).ready(function(){
 $("p").not(".url");
});
```

7.2 CSS3 与 jQuery 整合实例

在网页设计中，经常会用到一些动态的效果。例如，图片的转换效果、下拉菜单效果、各种各样的动画效果等，利用 CSS3 和 jQuery 技术很容易实现这些网页效果。本节将通过整合 CSS3 和 jQuery 技术介绍几个常用的网页特效技术，这些案例可以在今后的网页整合设计中加以应用。

7.2.1 实例一：图片的轮播效果

图片的轮播效果在很多电子商务网站和企业网站中有着大量的应用。以前通过 CSS 和

JavaScript 来实现，代码比较复杂，现在通过 CSS3 和 jQuery 很容实现网页图片轮播效果。下面的例子通过 CSS3 和 jQuery 代码实现网页上图片轮播效果。

设计步骤：

(1) 编写 HTML 文件代码。该代码主要是在页面上添加需要轮播的图片、每个图片对应的标记以及左右翻动的按钮。

源文件(char7\实例 1-图片轮播\demo.html)的代码如下：

```html
<!DOCTYPE html>
<html xmlns="http://www.w3.org/1999/xhtml">
<head>
    <meta http-equiv="Content-Type" content="text/html; charset=utf-8" />
    <title></title>
    <link href="css/demo.css" rel="stylesheet" />
    <script src="js/jquery-3.2.1.js"></script>
    <script src="js/demo.js"></script>
</head>
<body>
    <div id="dlunbo">
        <div id="pics">
            <div class="pic"><img src="image/1.jpg" /></div>
            <div class="pic"><img src="image/2.jpg" /></div>
            <div class="pic"><img src="image/3.jpg" /></div>
            <div class="pic"><img src="image/4.jpg" /></div>
            <div class="pic"><img src="image/5.jpg" /></div>
        </div>
        <div id="tabs">
            <div class="tab bg">1</div>
            <div class="tab">2</div>
            <div class="tab">3</div>
            <div class="tab">4</div>
            <div class="tab">5</div>
        </div>
        <div class="btn btn1"><</div>
        <div class="btn btn2">></div>
    </div>
</body>
</html>
```

(2) 编写 CSS 样式文件。主要用来控制轮播图片的大小和位置，轮播标签的样式，轮播按钮的位置和样式等。

源文件(char7\实例 1-图片轮播\css\demo.css)的代码如下：

```css
* {
    padding: 0px;
    margin: 0px;
}
```

```
#dlunbo {
    width: 520px;
    height: 280px;
    position: absolute;
}

.pic {
    position: absolute;
}

#tabs {
    position: absolute;
    top: 250px;
    left: 320px;
}

.tab {
    width: 26px;
    height: 26px;
    background-color: #0094ff;
    float: left;
    text-align: center;
    line-height: 26px;
    color: #fff;
    margin: 0px 5px;
    border-radius: 100%;
    cursor: pointer;
}

.btn {
    position: absolute;
    width: 40px;
    height: 70px;
    background: rgba(0,0,0,0.5);
    color: #fff;
    text-align: center;
    font-size: 40px;
    line-height: 70px;
    cursor: pointer;
    top: 50%;
    margin-top: -35px;
    display:none;
}

.btn1 {
    left: 0px;
}
```

```
.btn2 {
    right: 0px;
}

.bg {
    background-color: #651717;
}
```

(3) 编写 jQuery 代码，控制图片的轮播效果。

源文件(char7\实例 1-图片轮播\js\demo.js)的代码如下：

```
/// <reference path="jquery-3.2.1.js" />
var i = 0;
var timer;
$(function() {
    $(".pic").eq(0).show().siblings().hide();//第一张图片显示，其余的图片隐藏
    LTimer();
    $(".tab").hover(function () {
        i = $(this).index();//获取到当前下标的索引，并赋值给 i
        show();
        clearInterval(timer);//清除定时器
    }, function () {
        LTimer();
    });

    $("#dlunbo").hover(function () {
        $(".btn").show();
    }, function () {
        $(".btn").hide();
    });

    $(".btn1").click(function () {
        clearInterval(timer);//清除定时器
        i--;
        if (i == -1)
        {
            i = 4;
        }
        show();
        LTimer();
    });

    $(".btn2").click(function () {
        clearInterval(timer);//清除定时器
        i++;
        if (i == 5) {
            i = 0;
        }
        show();
        LTimer();
```

```
        });
    });

    function show() {        //当前图片显示，其余的图片隐藏
        $(".pic").eq(i).fadeIn(300).siblings().fadeOut(300);
        $(".tab").eq(i).addClass("bg").siblings().removeClass("bg");
    }

    function LTimer()
    {
        timer = setInterval(function () {//间隔4s图片轮播一次
            i++;//i 间隔4s，自增1
            if (i == 5) {
                i = 0;
            }
            show();
        }, 4000);
    }
```

在浏览器中预览 HTML 文件，可以看到图片的轮播效果。当鼠标移动到图片上时，图片两端出现翻页按钮。单击按钮，可以实现翻页功能，如图 7-14 所示。

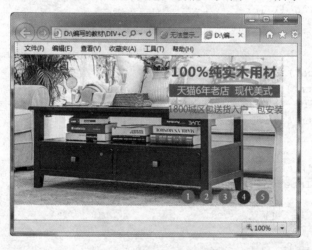

图 7-14　图片的轮播效果

7.2.2　实例二：下拉菜单的制作

在网页设计中，对于导航项较多的情况，通常可以使用下拉导航菜单来实现。使用 CSS3 和 jQuery 实现下拉菜单十分简单。下面是设计下拉菜单的步骤。

(1) 编写 HTML 文件代码。该代码主要是在页面上添加菜单项。

源文件(char7\实例2-下拉菜单\demo.html)的代码如下：

```
<!DOCTYPE html>
<html xmlns="http://www.w3.org/1999/xhtml">
```

```html
<head>
<meta http-equiv="Content-Type" content="text/html; charset=utf-8"/>
    <title></title>
    <link href="css/demo.css" rel="stylesheet" />
    <script src="js/jquery-3.2.1.js"></script>
    <script src="js/demo.js"></script>
</head>
<body>
    <div id="menu">
        <ul id="umenu">
            <li class="litem">
                <a href="javascript:;">首页</a>
            </li>
            <li class="litem">
                <a href="javascript:;">部门设置</a>
                <ul class="uitem">
                    <li><a href="#">办公室</a></li>
                    <li><a href="#">教务处</a></li>
                    <li><a href="#">人事部</a></li>
                    <li><a href="#">学生处</a></li>
                </ul>
            </li>
            <li class="litem">
                <a href="javascript:;">教学单位</a>
                <ul class="uitem">
                    <li><a href="#">信息工程系</a></li>
                    <li><a href="#">机械工程系</a></li>
                    <li><a href="#">电气工程系</a></li>
                    <li><a href="#">管理工程系</a></li>
                </ul>
            </li>
            <li class="litem">
                <a href="javascript:;">学院概况</a>
                <ul class="uitem">
                    <li><a href="#">办学定位</a></li>
                    <li><a href="#">校园风貌</a></li>
                    <li><a href="#">校友风采</a></li>
                    <li><a href="#">技能之星</a></li>
                </ul>
            </li>
            <li class="litem">
                <a href="javascript:;">公共服务</a>
                <ul class="uitem">
                    <li><a href="#">办公电话</a></li>
                    <li><a href="#">校园地图</a></li>
                    <li><a href="#">学院位置</a></li>
                    <li><a href="#">联系学院</a></li>
```

```
                </ul>
            </li>
        </ul>
    </div>
</body>
</html>
```

(2) 编写 CSS 样式文件。该文件主要是用来控制菜单样式的，包括列表样式和超链接样式等。

源文件(char7\实例 2-下拉菜单\css\demo.css)的代码如下:

```
*{/*设置所有内外边距为 0*/
    padding:0;
    margin:0;
    font-family: 微软雅黑,Arial, Verdana, Helvetica, sans-serif;
}
#menu {/*设置菜单区域宽度、高度和背景色*/
    width:100%;
    height:32px;
    margin:0 auto;
    background-color:#666;
}


a{/*除去所有超链接下划线*/
    text-decoration:none;
}
#menu a:hover{/*设置鼠标经过超链接时的背景色*/
        background-color:#82ce18;
}
#umenu{
    width:510px;/*设置主菜单实际宽度*/
    margin:0 auto;/*设置菜单居中*/
    list-style:none;
    background:#666;/*设置菜单背景色，和菜单区域颜色相同*/
}
.litem{
    width:100px;/*设置菜单项宽度*/
    float:left;/*设置向左浮动*/
}
.litem>a{
    width:100px;/*菜单项宽度*/
    height:30px;/*菜单项高度*/
    display:block;
    border-right:solid 1px #fff;/*菜单分割线*/
    color:white;
    text-align:center;
    line-height:30px;
```

```
    /*  background-color:#666;*/
}

.litem li{
    list-style:none;
}
.uitem a{
    width:100px;/*子菜单宽度*/
    height:30px;
    display:block;
    border-top:solid 1px #fff;/*子菜单分割线*/
    color:#fff;
    text-align:center;
    line-height:30px;
    background-color:#666;
}
```

（3）编写 jQuery 文件代码。该代码控制下拉子菜单的显示和隐藏，实现下拉菜单效果。

源文件(char7\实例 2-下拉菜单\js\demo.js)的代码如下：

```
/// <reference path="jquery-3.2.1.js" />
$(function() {
    $(".uitem").hide();//隐藏子菜单项
    $(".litem>a").mouseover(function(){
        $(this).next().slideDown();
        $(this).parent().siblings().find(".uitem").slideUp();
    })
    $(".litem").mouseleave(function () {
        $(this).find(".uitem").slideUp();
    })
})
```

在浏览器中预览 HTML 文件，可以看到下拉菜单的效果，如图 7-15 所示。

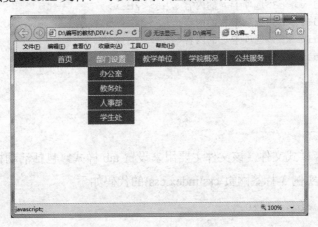

图 7-15　下拉菜单的实现

7.2.3 实例三：标签网页的制作

在网页设计中，对于内容较多的网页，可以通过 tab 标签来组织这些内容。使用 CSS3 和 jQuery 可以实现非常炫酷的 tab 标签网页。本节利用 CSS3 和 jQuery 制作一个最简单的 tab 标签网页，旨在介绍设计 tab 标签网页的方法。读者如需更多的 tab 标签网页，可在网上下载。下面是设计 tab 标签网页的步骤。

(1) 编写 HTML 文件代码。该代码主要是在页面上添加标签和相应标签内容。

源文件(char7\实例 3-标签网页\index.html)的代码如下：

```html
<!DOCTYPE html>
<html>
<head>
<meta charset="utf-8">
    <title></title>
    <link href="css/index.css" rel="stylesheet" />
    <script src="js/jquery-3.2.1.js"></script>
    <script src="js/index.js"></script>
</head>
  <body>
    <div id="container">
      <div class="tab">
          <ul>
              <li class="tab_selected">选项卡 A</li>
              <li>选项卡 B</li>
              <li>选项卡 C</li>
              <li>选项卡 D</li>
          </ul>
      </div>
      <div class="content">
          <div><h3>选项卡 A 的内容</h3></div>
          <div><h3>选项卡 B 的内容</h3></div>
          <div><h3>选项卡 C 的内容</h3></div>
          <div><h3>选项卡 D 的内容</h3></div>
      </div>
    </div>
  </body>
</html>
```

(2) 编写 CSS 样式文件。该文件主要用来设置 tab 样式，包括活动标签样式等。

源文件(char7\实例 3-标签网页\css\index.css)的代码如下：

```css
*{ padding:0; margin:0;}
#container{
    width:500px;
```

```
        margin:10px;
}
.tab li{
        list-style:none;
        float:left;
        padding:0;
        margin-right:10px;
        line-height:30px;  /*与高度一致，文字垂直对齐*/
        height:30px;
        width:65px;
        text-align:center;/*文字水平对齐*/
        border-top:solid 1px black;
        border-left:solid 1px black;
        border-right:solid 1px black;
        background-color: #ccc;
}
.content{
        float:none;
        padding-top:30px;
        border:solid 1px black;
        clear:both;
}
.content div{
        border-top:0px;
        height:120px;
}
.tab li.tab_selected{
        background-color:#ffffff;
        bottom:-1px;/*让活动标签遮住边框线*/
        position:relative;
}
```

(3) 编写 jQuery 文件代码。该代码实现选中不同的标签，对应标签的内容就被显示。

源文件(char7\实例 3-标签网页\js\demo.js)的代码如下：

```
/// <reference path="jquery-3.2.1.js" />
 $(document).ready(function(){
    $(".content div:gt(0)").hide();//对于内容，除第一元素外，其他元素隐藏
    $(".tab li").css("cursor", "pointer");//改变鼠标指针形状
    $(".tab li").hover(function(){
    $(this).addClass("tab_selected").siblings().removeClass("tab_selecte
d");
    $(".content div").eq($(this).index()).siblings().hide().end().show();
    })
});
```

在浏览器中预览 HTML 文件，可以看到 tab 标签网页的效果。当鼠标移动到不同的标

签，相应的内容就显示出来，如图 7-16 所示。

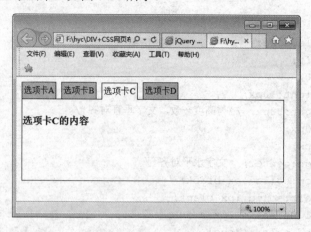

图 7-16　tab 标签网页

习　题　7

1. 选择题

(1)　下面哪种不是 jQuery 的选择器？(　　)

　　A. 基本选择器　　　B. 后代选择器　　　C. 类选择器　　　D. 进一步选择器

(2)　当 DOM 加载完成后要执行的函数，下面哪个是正确的？(　　)

　　A. jQuery(expression,[context])　　　　B. jQuery(html,[ownerDocument])

　　C. jQuery(callback)　　　　　　　　　D. jQuery(elements)

(3)　下面哪一个是用来追加到指定元素的末尾的？(　　)

　　A. insertAfter()　　　B. append()　　　C. appendTo()　　　D. after()

(4)　下面哪一个不是 jQuery 对象访问的方法？(　　)

　　A. each(callback)　　B. size()　　　　C. index(subject)　　D. index()

(5)　如果需要匹配包含文本的元素，用下面哪种方法来实现？(　　)

　　A. text()　　　　　　B. contains()　　　C. input()　　　　D. attr(name)

(6)　如果想要找到一个表格的指定行数的元素，用下面哪个方法可以快速找到指定元素？(　　)

　　A. text()　　　　　　B. get()　　　　　C. eq()　　　　　　D. contents()

(7)　下面哪种不属于 jQuery 的筛选？(　　)

　　A. 过滤　　　　　　　B. 自动　　　　　　C. 查找　　　　　　D. 串联

(8)　下面哪种不是属于 jQuery 文档处理的？(　　)

A. 包裹　　　　　　B. 替换　　　　　　C. 删除　　　　　　D. 内部和外部插入

(9) 如果想在一个指定的元素后添加内容，下面哪个代码是实现该功能的？(　　)

A. append(content)　　　　　　　　B. appendTo(content)

C. insertAfter(content)　　　　　　D. after(content)

(10) 在 jQuery 中，如果想要从 DOM 中删除所有匹配的元素，下面哪个选项是正确的？(　　)

A. delete()　　　　B. empty()　　　　C. remove()　　　　D. removeAll()

(11) 在 jQuery 中，想要给第一个指定的元素添加样式，下面哪个是正确的？(　　)

A. first　　　　　B. eq(1)　　　　C. css(name)　　　D. css(name,value)

(12) 在 jQuery 中，如果想要获取当前窗口的宽度值，下面哪个是实现该功能的？(　　)

A. width()　　　　B. width(val)　　　C. width　　　　D. innerWidth()

(13) 为每一个指定元素的指定事件(像 click)绑定一个事件处理器函数，下面哪个是用来实现该功能的？(　　)

A. trigger(type)　B. bind(type)　　C. one(type)　　　D. bind

(14) 下面哪几个不属于 jQuery 的事件处理？(　　)

A. bind(type)　　　B. click()　　　　C. change()　　　D. one(type)

(15) 在一个表单中，如果想要给输入框添加一个输入验证，可以用下面的哪个事件实现？(　　)

A. hover(over,out)　B. keypress(fn)　　C. change()　　　D. change(fn)

(16) 当一个文本框中的内容被选中，想要执行指定的方法时，可以使用下面哪个事件来实现？(　　)

A. click(fn)　　　　B. change(fn)　　　C. select(fn)　　　D. bind(fn)

(17) 在 jQuery 中想要实现通过远程 http get 请求载入信息功能的是下面的哪个事件？(　　)

A. $.ajax()　　　　B. load(url)　　　C. $.get(url)　　　D. $. getScript(url)

(18) 下面不属于 Ajax 事件的是(　　)。

A. ajaxComplete(callback)　　　　　B. ajaxSuccess(callback)

C. $.post(url)　　　　　　　　　　D. ajaxSend(callback)

(19) 在 jQuery 中指定一个类，如果存在就执行删除功能，如果不存在就执行添加功能，下面哪个是可以直接完成该功能的？(　　)

A. removeClass()　　　　　　　　　B. deleteClass()

C. toggleClass(class)　　　　　　　D. addClass()

(20) 在 jQuery 中想要找到所有元素的同辈元素，下面哪个是可以实现的？(　　)

A. eq(index)　　　B. find(expr)　　　C. siblings([expr])　　D. next()

2. 填空题

(1) jQuery 访问对象中的 size()方法的返回值和 jQuery 对象的_____属性一样。

(2) jQuery 中$(this).get(0)的写法和_____是等价的。

(3) 现有一个表格，如果想要匹配所有行数为偶数的，用_____实现，奇数的用_____实现。

(4) 在一个表单里，想要找到指定元素的第一个元素用_____实现，第二个元素用_____实现。

(5) 在 jQuery 中，用一个表达式来检查当前选择的元素集合，使用_____来实现，如果这个表达式失效，则返回_____值。

(6) 在编写页面的时候，如果想要获取指定元素在当前窗口的相对偏移，用_____来实现，该方法的返回值有两个属性，分别是_____和_____。

(7) 在一个表单中，如果将所有的 div 元素都设置为绿色，实现功能是_____。

(8) 在 jQuery 中，鼠标移动到一个指定的元素上，会触发指定的一个方法，实现该操作的是_____。

(9) 在 jQuery 中，想让一个元素隐藏，用_____实现，显示隐藏的元素用_____实现。

(10) 在一个表单中，用 600 毫秒缓慢地将段落滑上，用_____来实现。

(11) 在 jQuery 中，如果想要自定义一个动画，用_____函数来实现。

(12) 彻底将 jQuery 变量还原，可以使用_____方法实现。

(13) 在一个表单中，查找所有选中的 input 元素，可以用 jQuery 中的_____来实现。

(14) 在 jQuery 中如果将一个"名/值"形式的对象设置为所有指定元素的属性，可以用_____实现。

3. 思考与回答

(1) 什么是 jQuery 选择器？jQuery 选择器有哪些？

(2) 什么是 jQuery 遍历？遍历祖先元素、遍历后代元素、遍历同胞元素分别有哪些方法？试举例说明。

上机实验 7

1. 实验目的

掌握 jQuery 的基本语法；掌握 jQuery 的基本对象及应用；能够用 jQuery 编写简单的网页特效；能够在网页中使用常用的 CSS 结合 jQuery 编写特效。

2. 实验内容

(1) 在 Dreamweaver 中调试书上的各个实例。

(2) 用 CSS+jQuery 制作手风琴相册幻灯片，效果如图 7-17 所示。

图 7-17　jQuery 图片手风琴效果

第8章 整合案例一：我的博客

博客是目前网上很流行的日志形式，很多网友都拥有自己的博客。对于自己的博客，用户往往希望能制作出美观又适合自己风格的页面，很多博客网站也都提供自定义排版功能，其实就是加载用户自定义的 CSS 文件。本章以一个博客首页为例，综合介绍整个页面的制作方法。

8.1 分 析 架 构

8.1.1 设计分析

一个博客首页通常包含 Banner 图片、导航、文章列表和评论列表，并且最近发表的几篇文章都会显示在首页上，如图 8-1 所示。

图 8-1 博客的首页

8.1.2 排版架构

根据设计分析及图示效果，设计的页面框架如图 8-2 所示。

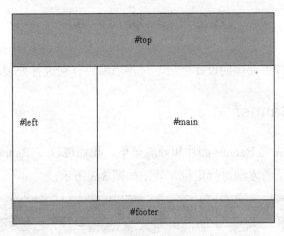

图 8-2 页面框架

框架代码如下：

```
<div id="container">
<div id="top"> </div>
<div id="left"> </div>
<div id="main"> </div>
<div id="footer"> </div>
</div>
```

在#top 区域主要包含 Banner 和导航，在#left 区域主要包含博主信息、最新文章、热门文章和最新评论等，在#mian 区域主要包含最新发表的文章。

#left 和#main 框架占据了页面的主体位置，在设计的细节上要十分注意处理。

相应的代码如下：

```
<div id="left">
<h5>关于博主</h5>
<ul>...</ul>
<h5>最新文章</h5>
<ul class="list">...</ul>
<h5>热门文章</h5>
<ul class="list">...</ul>
<h5>最新评论</h5>
<ul class="list">...</ul>
</div>
<div id="main">
<div class="article"></div>
<div class="article"></div>
```

```
<div class="article"></div>
...
</div>
```

8.2 模块设计

页面的整体框架有了大体的设计之后，对各个模块分别进行处理，最后统一整合。

8.2.1 导航与 Banner

在#top 块中主要放置 Banner 图片和导航菜单。我们可以将 Banner 图片作为背景，菜单和标题通过绝对定位的方法进行定位，效果如图 8-3 所示。

图 8-3 Banner 与导航条

Banner 图片的制作比较简单，读者可自行完成。菜单导航的设计制作可以采用<ul>项目列表，相关内容前面已经介绍，方法比较简单，代码如下：

```
<div id="top">
<h1>我的博客</h1>
<ul>
<li><a href="#">首页</a></li>
<li><a href="#">日志</a></li>
<li><a href="#">相册</a></li>
<li><a href="#">音乐</a></li>
<li><a href="#">收藏</a></li>
<li><a href="#">博友</a></li>
<li><a href="#">关于博主</a></li>
</ul>
</div>
```

相应的 CSS 样式代码为：

```
#top {
width:880px; height:300px;  /* 设置块的尺寸，高度大于 Banner 图片 */
margin:0px; padding:0px;    /* 再设置背景颜色，作为导航菜单的背景色 */
```

```
background: #daeeff url(images/bannar.jpg) no-repeat top;
font-size:12px;
}
#top h1 {
position:absolute;            /* 绝对定位 */
width:217px;
left:400px; top:25px;         /* 具体位置 */
padding:0px; margin:0px;
color:#FFFFFF;
}
#top ul {
list-style-type:none;
position:absolute;            /* 绝对定位 */
width:417px;
left:381px; top:265px;        /* 具体位置 */
padding:0px; margin:0px;
}
#top li {
float:left;                   /* 横向列表 */
text-align:center;
padding:0px 16px 0px 6px;     /* 链接之间的距离 */
}
#top a:link, #top a:visited {
color:#004a87;
text-decoration:none;
}
#top a:hover {
color: #FF00CC;
text-decoration:underline;
}
```

8.2.2 左侧列表

博客的#left 左侧列表块包含了博客的各种信息，包含博主的资料、最新文章、热门文章和最新评论等。我们将左侧栏设置宽度为 235px，并且向左浮动，代码如下：

```
#left {
float:left;
width:235px;
padding-left:5px;
margin:4px 3px 0 0;
border:#999999 solid 1px;
}
```

左侧块设置好后，可在左侧块放置相应的页面元素，代码如下：

```
<div id="left">
<img src="mypic.jpg" />
<h5>关于博主</h5>
<p>姓名：薪高气傲(Blair)<br />
QQ: 91659191 <br />
邮箱: Blair@foxmail.com </p>
<h5>最新文章</h5>
<ul class="list">
<li><a href="#">美国反华尔街示威活动</a></li>
<li><a href="#">七情六欲过十一</a></li>
<li><a href="#">CSS 样式风格</a></li>
<li><a href="#">Ajax 学习心得</a></li>
<li><a href="#">分享：网页图片压缩优化方法</a></li>
<li><a href="#">实例：应用 CSS 实现表单 form 布局 </a></li>
<li><a href="#">CSS 实战：用 CSS 实现首字下沉效果</a></li>
</ul>
<h5>热门文章</h5>
<ul class="list">
<li><a href="#">美国反华尔街示威活动(图)</a></li>
<li><a href="#">七情六欲过十一</a></li>
<li><a href="#">CSS 样式风格</a></li>
<li><a href="#">Ajax 学习心得</a></li>
<li><a href="#">分享：网页图片压缩优化方法</a></li>
<li><a href="#">实例：应用 CSS 实现表单 form 布局 </a></li>
<li><a href="#">CSS 实战：用 CSS 实现首字下沉效果</a></li>
</ul>
<h5>最新评论</h5>
<ul class="list">
<li><a href="#">美国反华尔街示威活动(图)</a></li>
<li><a href="#">七情六欲过十一</a></li>
<li><a href="#">CSS 样式风格</a></li>
<li><a href="#">Ajax 学习心得</a></li>
<li><a href="#">分享：网页图片压缩优化方法</a></li>
<li><a href="#">实例：应用 CSS 实现表单 form 布局 </a></li>
<li><a href="#">CSS 实战：用 CSS 实现首字下沉效果</a></li>
</ul>
</div>
```

对左侧页面元素的样式加以设置，CSS 代码如下：

```
#left a:link, #left a:visited {
color:#234a87;
text-decoration:none;
}
#left a:hover {
color: #FF00CC;
```

```
text-decoration:underline;
}
#left h5 {
border-bottom:#0099FF 2px dotted;
background:url(images/leftbg.jpg) no-repeat;
padding-left:35px;
}
#left .list {
list-style-image:url(images/4.gif);
margin-left:15px;
line-height:1.6em;
}
```

8.2.3　内容部分

内容部分位于页面的主体位置，我们将其宽度设定为 610px，设置成左浮动，并且适当调整 margin 的值。

代码如下：

```
#main {
float:left;
font-size:12px;
margin:0 5px 5px 5px;
width:610px;
}
```

对于#main 块进行整体设置后便可以制作每个子块，每个子块放置一篇文章，包括文章标题、作者、时间、正文截取、浏览次数和评论等。

代码如下：

```
<div class="article">
<h3><a href="#">美国反华尔街示威活动</a></h3>
<p class="author">作者：中新网　2011 年 10 月 03 日</p>
<p>中新网 10 月 3 日电　据外媒 3 日报道，美国纽约爆发的"占领华尔街"抗议活动已经持续了两周，目前，这股抗议浪潮……</p>
<p class="show">浏览[1051] | 评论[5]</p>
</div>
```

从代码中可以看出，对于类别为.article 的子块的每个项目，都设置了相应的 CSS 样式，这样就能够对所有的内容精确控制样式风格。

设计整体思路考虑以简洁、明快为指导思想，形式上结构清晰、干净利落。标题采用暗红色达到突出而又不刺眼的目的，作者和时间字体灰色右对齐，并且与标题用虚线分隔，然后调整各个块的 margin 以及 padding 值。

CSS 代码如下：

```
#main div {
border:solid 1px #999999;
position:relative;
padding:5px 5px 5px 5px;
margin:5px 0px 5px 0px;
}
#main div h3 {                          /* 文章标题样式 */
font-size:15px;
margin:0px;
padding:0px 0px 3px 0px;
border-bottom:1px dotted #999999;   /* 下划淡色虚线 */
}
#main div h3 a:link, #main div h3 a:visited {
color:#662900;
text-decoration:none;
}
#main div h3 a:hover {
color:#0072ff;
}
#main p.author {                        /* 文章作者样式 */
margin:0px;
text-align:right;
color:#888888;
padding:2px 5px 2px 0px;
}
#main p {                               /* 文章正文样式 */
margin:0px;
padding:10px 0px 0px 0px;
text-indent:2em;
}
#main p.show {                          /*浏览与评论样式*/
color:#FF6600;
text-indent:2em;
}
```

上述代码的细节在本书前面的章节已经详细介绍，这里不再重复。此时#main 块的显示效果如图8-4 所示。

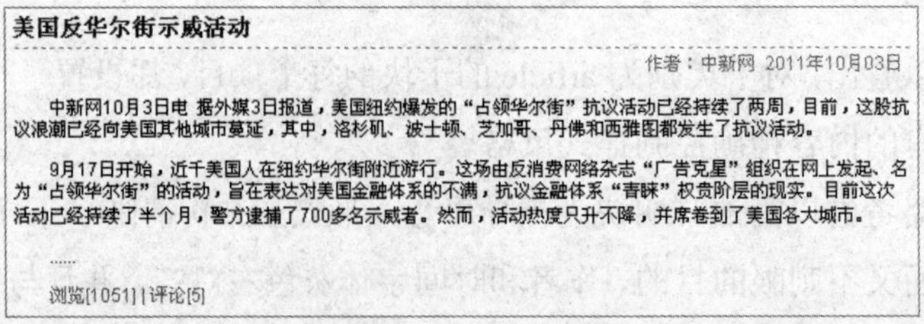

美国反华尔街示威活动

作者：中新网 2011年10月03日

中新网10月3日电 据外媒3日报道，美国纽约爆发的"占领华尔街"抗议活动已经持续了两周，目前，这股抗议浪潮已经向美国其他城市蔓延，其中，洛杉矶、波士顿、芝加哥、丹佛和西雅图都发生了抗议活动。

9月17日开始，近千美国人在纽约华尔街附近游行。这场由反消费网络杂志"广告克星"组织在网上发起、名为"占领华尔街"的活动，旨在表达对美国金融体系的不满，抗议金融体系"青睐"权贵阶层的现实。目前这次活动已经持续了半个月，警方逮捕了700多名示威者。然而，活动热度只升不降，并席卷到了美国各大城市。

......

浏览[1051]|评论[5]

图8-4　内容部分效果

8.2.4 footer 脚注

#footer 脚注主要用来存放一些版权信息和联系方式，设计比较简单，其 HTML 框架仅为一个<div>块中包含一个<p>标记。

代码如下：

```
<div id="footer">
<p>更新时间: 2011-10-04 23:17:07 &copy;All Rights Reserved </p>
</div>
```

因此对于#footer 块的设计，主要是符合页面整体风格即可，这里采用浅灰色背景配合浅蓝色文字。

CSS 代码如下：

```
#footer {
clear:both;                 /* 消除 float 的影响 */
text-align:center;
background-color:#daeeff;
margin:0px; padding:0px;
color:#004a87;
}
#footer p {
margin:0px; padding:2px;
}
```

8.3 整 体 调 整

通过前面的分析与设计制作，整个页面基本形成。最后对页面效果做一些细节的处理，比如，margin 和 padding 的值是否与整个页面协调，各个子块之间是否统一等。

本例采用固定宽度且居中的布局方式，背景设为浅灰色，整个页面加虚线框，这样看起来比较柔和协调，也适合在大显示器上浏览。

CSS 代码如下：

```
body {
font-family:Arial, Helvetica, sans-serif;
font-size:12px;
margin:0px;
padding:0px;
text-align:center;                  /* 居中且宽度固定的版式 */
background-color:#CCCCCC;
}
```

```
.clear{clear:both;}                    /* 清除浮动 */

#container {
position:relative;
width:880px;
text-align:left;
margin:1px auto 0px auto;
background-color:#ffffff;
border-left:1px dashed #aaaaaa;        /* 添加虚线框 */
border-right:1px dashed #aaaaaa;
border-bottom:1px dashed #aaaaaa;
}
```

这样,我的博客的首页就制作完成了。页面在 IE 浏览器中的显示效果如图 8-5 所示(源文件为 char8\index.html)。

图 8-5 在 IE 浏览器中的显示效果

8.4 网 页 源 码

页面的完整 HTML 代码如下。源文件 char8\index.html:

```
<!DOCTYPE html>
<html>
<head>
```

```
<meta charset="utf-8">
<title>我的博客</title>
<link href="8-1.css" rel="stylesheet" type="text/css" />
</head>
<body>
<div id="container">
    <div id="top">
        <h1>我的博客</h1>
        <ul>
            <li><a href="#">首页</a></li>
            <li><a href="#">日志</a></li>
            <li><a href="#">相册</a></li>
            <li><a href="#">音乐</a></li>
            <li><a href="#">收藏</a></li>
            <li><a href="#">博友</a></li>
            <li><a href="#">关于博主</a></li>
        </ul>
        <br>
    </div>
    <div class="clear"></div>
    <div id="left">
    <img src="mypic.jpg" />
    <h5>关于博主</h5>
    <p>姓名：薪高气傲(Blair)<br />
      QQ：91659191 <br />
      邮箱：Blair@foxmail.com </p>
    <h5>最新文章</h5>
    <ul class="list">
        <li><a href="#">美国反华尔街示威活动</a></li>
        <li><a href="#">七情六欲过十一</a></li>
        <li><a href="#">CSS 样式风格</a></li>
        <li><a href="#">Ajax 学习心得</a></li>
        <li><a href="#">分享：网页图片压缩优化方法</a></li>
        <li><a href="#">实例：应用 CSS 实现表单 form 布局 </a></li>
        <li><a href="#">CSS 实战：用 CSS 实现首字下沉效果</a></li>
    </ul>
    <h5>热门文章</h5>
    <ul class="list">
        <li><a href="#">美国反华尔街示威活动(图)</a></li>
        <li><a href="#">七情六欲过十一</a></li>
        <li><a href="#">CSS 样式风格</a></li>
        <li><a href="#">Ajax 学习心得</a></li>
        <li><a href="#">分享：网页图片压缩优化方法</a></li>
        <li><a href="#">实例：应用 CSS 实现表单 form 布局 </a></li>
        <li><a href="#">CSS 实战：用 CSS 实现首字下沉效果</a></li>
    </ul>
    <h5>最新评论</h5>
```

```
        <ul class="list">
            <li><a href="#">美国反华尔街示威活动(图)</a></li>
            <li><a href="#">七情六欲过十一</a></li>
            <li><a href="#">CSS 样式风格</a></li>
            <li><a href="#">Ajax 学习心得</a></li>
            <li><a href="#">分享：网页图片压缩优化方法</a></li>
            <li><a href="#">实例：应用 CSS 实现表单 form 布局 </a></li>
            <li><a href="#">CSS 实战：用 CSS 实现首字下沉效果</a></li>
        </ul>
        </div>
        <div id="main">
        <div class="article">
<h3><a href="#">美国反华尔街示威活动</a></h3>
<p class="author">作者：中新网   2011 年 10 月 03 日</p>
<p>中新网 10 月 3 日电    据外媒 3 日报道，美国纽约爆发的"占领华尔街"抗议活动已经持续了
两周，目前，这股抗议浪潮已经向美国其他城市蔓延，其中，洛杉矶、波士顿、芝加哥、丹佛和西
雅图都发生了抗议活动。</p>
<p>9 月 17 日开始，近千美国人在纽约华尔街附近游行。这场由反消费网络杂志"广告克星"组织
在网上发起、名为"占领华尔街"的活动，旨在表达对美国金融体系的不满，抗议金融体系"青睐"
权贵阶层的现实。目前这次活动已经持续了半个月，警方逮捕了 700 多名示威者。然而，活动热度
只升不降，并席卷到了美国各大城市。</p>
<p>......</p>
<p class="show">浏览[1051] | 评论[5]</p>
</div>
<div class="article">
<h3><a href="#">三名美国科学家分享 2017 年诺贝尔生理学或医学奖</a></h3>
    <p class="author">作者：新华网 2017-10-02 20:44:39  </p>
    <p>新华社斯德哥尔摩 10 月 2 日电（记者李骥志  付一鸣）瑞典卡罗琳医学院 2 日宣布，将
2017 年诺贝尔生理学或医学奖授予三名美国科学家杰弗里&middot;霍尔、迈克尔&middot;罗斯
巴什和迈克尔&middot;扬，以表彰他们在研究生物钟运行的分子机制方面的成就。</p>
    <p>当地时间 2 日 11 时 35 分，诺贝尔生理学或医学奖评选委员会秘书托马斯&middot;佩尔
曼在卡罗琳医学院&ldquo;诺贝尔大厅&rdquo;举行的新闻发布会上，宣布了获奖者名单并介绍了
获奖原因。</p>
    <p>评奖委员会说，人们过去知道包括人类在内的许多生物都有内在的生物钟，但是对生物钟
的工作原理长期不清楚，这一直是科学家探索的课题。今年获奖者的研究成果解释了许多动植物和
人类是如何让生物节律适应随地球自转而来的昼夜变换的。</p>
    <p>这些科学家以果蝇为研究对象，分离出一个能够控制生物节律的基因，它可以编码一种在
夜间积聚、在白天分解的蛋白质，这种蛋白质在细胞中的数量变化就引起了细胞生物节律的昼夜变
化。后来他们又发现了在这一过程中发挥作用的其他几种蛋白质，从而在分子层面较好地揭示了细
胞内生物钟的工作机制。</p>
<p>......</p>
<p class="show">浏览[750] | 评论[2]</p>
</div>
<div class="article">
<h3><a href="#"><strong>广东省昨迎来自驾游高峰 多条高速公路出现塞车
</strong></a></h3>
<p class="author">作者：大洋网-广州日报 2011 年 10 月 3 日 04:15 </p>
```

```
<p>本报讯（记者李妍   通讯员粤交综、粤交集宣）昨天，广东省内出现自驾游高峰。据网友微博
报料，佛开、京港澳、广深、广清、广肇、广惠、盐坝等多条高速公路出现塞车。</p>
<p>车友阿坚一家昨天自驾游到开平看碉楼，下午回广州的路上就遇到了堵车。堵车途中，阿坚连发
微博，排解郁闷的心情。市民阿馨昨天在广肇高速遇到塞车，后来发现塞车的原因是路上发生了七
车追尾的事故，她感叹："塞车太厉害，节假日出游，伤不起啊。"</p>
<p>记者昨天下午在京珠南太和收费站采访看到，这里车辆明显比平时多。据京珠南太和收费站站长
刘洋介绍，国庆节假日目前已出现车流高峰，预计全天车流量接近4万台，大概是平时两倍。"我
们针对车流高峰采取了应对措施，增派人手，15条收费车道在车流高峰期会开足65个收费点，每
小时可放行3800台车。另外，我们和对面的华快太和收费站采取双方借道的方式，他们高峰期会
出现在9月30日、10月1日和10月2日，我们这边借两条道给他们，等10月4日至10月8日，
华快太和站会借两条道给我们，大家互利，错开高峰。"</p>
<p>据记者了解，广东省交通运输厅目前已发文要求全省高速公路收费站开足通道保畅通，当收费站
开足全部收费通道后，仍出现排队缴费车辆严重拥堵且平均达200米以上时，对车辆实施间歇性免
费放行。</p>
<p>......</p>
<p class="show">浏览[879] | 评论[0]</p>
</div>
<div class="article">
<h3><a href="#">国庆楼市没见降价 开发商"高报低开"揽客</a></h3>
<p class="author">作者：金羊网-《羊城晚报》 2011年10月3日08:22 </p>
<p>广州楼市上月成交量大跌五成，"金九"变成了"铜九"，"银十"会是怎样的状况？国庆首
日，《羊城晚报》记者巡城发现，广州楼市刚性需求依然旺盛，市民普遍反映楼价还是偏高，但从
销售情况来看，一些合乎买家预期价格的新盘，仍受到追捧。</p>
<p>尽管国家对楼价的调控措施连连出台，但这个国庆黄金周，前往广州各大楼盘看楼的市民还是有
不少。天河区黄埔大道楼盘"力迅·T"的销售人员昨日告诉《羊城晚报》记者，刚推出十套一口价
特价单位，一个上午就成交了四套。</p>
<p>不少看楼市民表示，楼价还是偏高。有意在天河区购房的市民罗先生表示，"天河的 </p>
房价还是偏高，如果是2万多一平方米的新楼，勉强也能接受。"罗先生表示，目前楼市不是特别
明朗，政府也一直在调控，"北京的房价开始降了，但广州还没有多大的动静"。
</p>
<p>记者昨日来到位于天河区中山大道的东方新世界熹园。该楼盘的售楼人员介绍，新盘的价格约3
万多元/平方米。而记者发现，该楼盘阳光家缘的签约均价在2.8万元/平方米左右。</p>
<p>.....</p>
<p class="show">浏览[1073] | 评论[4]</p>
</div>
</div>
<div class="clear"></div>
<div id="footer">
<p>更新时间：2011-10-04 23:17:07 &copy;All Rights Reserved </p>
</div>
</div>
</body>
</html>
```

页面所需的CSS源文件(char8\8-1.css)的代码如下：

```
/* 8-1.css */
body {
```

```
font-family:Arial, Helvetica, sans-serif;
font-size:12px;
margin:0px;
padding:0px;
text-align:center;              /* 居中且宽度固定的版式 */
background-color:#CCCCCC;
}
.clear{clear:both;}             /* 清除浮动 */
#container {
position:relative;
width:880px;
text-align:left;
margin:1px auto 0px auto;
background-color:#FFFFFF;
border-left:1px dashed #AAAAAA;    /* 添加虚线框 */
border-right:1px dashed #AAAAAA;
border-bottom:1px dashed #AAAAAA;
}
#top {
width:880px; height:300px;   /* 设置块的尺寸，高度大于 banner 图片 */
margin:0px; padding:0px;     /* 再设置背景颜色，作为导航菜单的背景色 */
background: #daeeff url(images/bannar.jpg) no-repeat top;
font-size:12px;
}
#top h1 {
position:absolute;           /* 绝对定位 */
width:217px;
left:400px; top:25px;        /* 具体位置 */
padding:0px; margin:0px;
color:#FFFFFF;
}
#top ul {
list-style-type:none;
position:absolute;           /* 绝对定位 */
width:417px;
left:381px; top:265px;       /* 具体位置 */
padding:0px; margin:0px;
}
#top li {
float:left;                  /* 横向列表 */
text-align:center;
padding:0px 16px 0px 6px;    /* 链接之间的距离 */
}
#top a:link, #top a:visited {
color:#004a87;
text-decoration:none;
}
```

```
#top a:hover {
color: #FF00CC;
text-decoration:underline;
}
/*设置左侧样式*/
#left {
float:left;
width:235px;
padding-left:5px;
margin:4px 3px 0 0;
border:#999999 solid 1px;
}
#left a:link, #left a:visited {
color:#234a87;
text-decoration:none;
}
#left a:hover {
color: #FF00CC;
text-decoration:underline;
}
#left h5 {
border-bottom:#0099FF 2px dotted;
background:url(images/leftbg.jpg) no-repeat;
padding-left:35px;
}
#left .list {
list-style-image:url(images/4.gif);
margin-left:15px;
line-height:1.6em;
}
/*设置右侧样式*/
#main {
float:left;
font-size:12px;
margin:0 5px 5px 5px;
width:610px;
}
#main div {
border:solid 1px #999999;
position:relative;
padding:5px 5px 5px 5px;
margin:5px 0px 5px 0px;
}
#main div h3 {                      /* 文章标题样式 */
font-size:15px;
margin:0px;
padding:0px 0px 3px 0px;
```

```
border-bottom:1px dotted #999999;        /* 下划淡色虚线 */
}
#main div h3 a:link, #main div h3 a:visited {
color:#662900;
text-decoration:none;
}
#main div h3 a:hover {
color:#0072ff;
}
#main p.author {                          /* 文章作者样式 */
margin:0px;
text-align:right;
color:#888888;
padding:2px 5px 2px 0px;
}
#main p {                                 /* 文章正文样式 */
margin:0px;
padding:10px 0px 0px 0px;
text-indent:2em;
}
#main p.show {                            /* 浏览与评论样式 */
color:#FF6600;
text-indent:2em;
}
/*设置页脚样式*/
#footer {
clear:both;                               /* 消除 float 的影响 */
text-align:center;
background-color:#daeeff;
margin:0px; padding:0px;
color:#004a87;
}
#footer p { margin:0px; padding:2px; }
```

第 9 章 整合案例二：公益网站首页

经过 HTML、CSS 和 JavaScript(jQuery)的学习，本章介绍了一个公益网站首页的制作。通过本章的学习，读者可以进一步巩固和加深理解 DIV+CSS 设计网页的技术，进一步掌握 JavaScript(jQuery)在网页中的应用。本章以安徽民俗文化网首页为例，效果如图 9-1 所示。

图 9-1 网站首页

下面按照网页设计的基本步骤和方法介绍网站的设计与制作。

9.1 分 析 架 构

作为一个专业网页制作人员，当拿到页面效果图时，首先要做的事情就是准备工作。包括分析网页架构、准备素材图片、建立站点等。本例中的素材已经提供，不需要读者单独准备。读者可以在电脑上建立一个站点文件夹，在站点文件夹内建立 js、images 和 css

三个子文件夹。将素材图片复制到 images 文件夹内备用，js 文件夹内放置所需的 JavaScript 文件和从网上下载的 jQuery 文件，css 文件夹放置所需的 css 样式文件。

9.1.1　设计分析

该网站的页眉是一幅 logo 和导航菜单，banner 部分是一幅图片切换动画，中间内容部分分为左右两列，左侧显示三类信息，右侧是图片导航。底部是网页的版权信息等。

页面整体采用灰黑色调，符合徽文化特色。banner 部分的动画是典型的 jQuery 制作的动画。内容部分，三类信息样式结构一致。整个页面简洁，主题突出。

9.1.2　排版架构

页面结构并不复杂，根据设计分析及图示效果，设计的页面框架如图 9-2 所示。

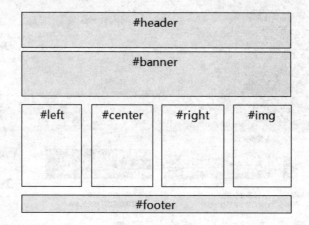

图 9-2　页面框架

根据架构分析，可以编写框架代码如下：

```
<div id="header">
<div id="logo"> </div>
<div id="nav"> </div>
</div>
<div id="banner"> </div>
<div id="content">
<div id="left"> </div>
<div id="center"> </div>
<div id="right"> </div>
<div id="img"> </div>
</div>
<div id="footer"> </div>
```

在#header 区域主要包含#logo 和#nav 导航，在#container 区域主要包含#left、#center、

#right 和#img 四块，#left 块中放置"文化新闻"，#center 块中放置"安徽文化"，#right 块中放置"旅游文化"，#img 块中放置图片导航。

#left、#center 和#right 框架占据了页面的主体位置，在设计的细节上要十分注意处理。

9.2　模　块　设　计

页面的整体框架有了大体设计之后，对各个模块进行分别处理，最后统一整合。采用自顶向下、从左到右的制作顺序。

9.2.1　导航与 logo

在#header 块中主要放置 logo 图片和导航菜单。设置#top 和#nav 区块分别放置 banner 图片和导航菜单，效果如图 9-3 所示。

图 9-3　logo 与导航条

#logo 区块放置一个图片和"设为首页"以及"加入收藏"两个链接，导航菜单采用<ul>项目列表，方法比较简单，代码如下：

```
<div id="header">
    <div class="top">
        <ul>
            <li><img src="images/home.jpg" /><a onclick="javascript:;">设
为首页</a></li>
            <li><img src="images/bookmark.jpg" /><a href="#"
onclick="javascript:;">加入收藏</a></li>
        </ul>
    </div>
    <div class="clear"></div>
    <div class="nav">
     <ul>
        <li><a href="#">网站首页</a></li>
        <li><a href="#">新闻中心</a></li>
        <li><a href="#">安徽历史</a></li>
        <li><a href="#">安徽文化</a></li>
        <li><a href="#">安徽非遗</a></li>
        <li><a href="#">戏曲文化</a></li>
```

```
        <li><a href="#">旅游文化</a></li>
        <li><a href="#">名人记事</a></li>
        <li><a href="#">安徽记事</a></li>
        <li><a href="#">图片专栏</a></li>
        <li><a href="#">联系我们</a></li>
      </ul>
    </div>
  </div>
```

相应的 CSS 样式代码为:

```
#header{
    background-image:url(../images/banner-bg.gif);
}
#header .top{
    width:960px;
    height:131px;
    background-image:url(../images/top-home.jpg);
}
#header .top ul{
    float:right;
    padding-right:20px;
    padding-top:20px;
}
#header .top ul li{
    width:85px;
    float:left;
}

#header .nav{
    width:920px;
    height:30px;
    color:#FFF;
    margin:0 auto;
}
#header .nav ul{
    margin:10px auto;
}
#header .nav li{
    width:75px;
    height:25px;
    float:left;
}
#header .nav li a{
    display:block;
    width:65px;
    height:23px;
    float:left;
```

```
    color:#FFF;
    background:none;
}
#header .nav li a:hover{
    color:#767565;
}
```

网页上"设为首页"和"添加收藏"的 JavaScript 代码如下：

```
<a onclick="this.style.behavior='url(#default#homepage)';this.setHomePage
('http://www.ahmswh.com');"
href="http://www.ahmswh.com">设为首页</a>

<a href="#"
onclick="javascript:window.external.AddFavorite('http://www.ahmswh.com',
'安徽民俗文化网')" title="收藏本站到你的收藏夹">加入收藏</a></li>
```

9.2.2 banner 部分

banner 部分就是一个用 jQuery 编写的图片轮播效果图。我们可以把前面章节中讲到的实例直接拿过来用就可以了。不过要注意文件中选择器名称不能同名，否则会影响动画的播放效果。

9.2.3 内容主体部分

内容主体部分包括左、中、右三块，分别放置"文化新闻""安徽文化"和"旅游文化"。三部分样式效果基本一致，在制作时可以一起考虑。三部分有对应的背景图片，可以设置三块为固定宽度和左浮动的版式，每块设置宽度 228px，高度 298px，向左浮动。HTML 代码如下：

```
<!--left begin-->
  <div id="left">
    <div class="title">
        文化新闻<span><a href="#"><img src="images/more.jpg" border="0" />
</a></span>
    </div>
    <ul>
        <li><a href="#">第二届安徽民俗文化节在铜陵举办</a></li>
        <li><a href="#">首届中国非遗园(合肥·自贡)国际灯会艺术节启动</a></li>
        <li><a href="#">安徽省非物质文化遗产——徽剧</a></li>
        <li><a href="#">安徽文化名人</a></li>
        <li><a href="#">安庆望江旅游文化美食节开幕</a></li>
    </ul>
  </div>
```

```
    <!--left end-->
    <!--center begin-->
    <div id="center">
      <div class="title">
      安徽文化<span><a href="#"><img src="images/more.jpg" border="0" />
</a></span></div>
      <ul>
        <li><a href="#">什么是徽州文化?</a></li>
        <li><a href="#">徽州文化包括哪些内容?</span></a> </li>
        <li><a href="#">安徽历史总汇</a></li>
        <li><a href="#">徽州文化</a></li>
        <li><a href="#">休宁县流口镇特色产品风物录(民俗文化篇)</a> <a
href="#"></a></li>
          <li><a href="#">徽派园林奇葩——徽州唐模古村落</a> <a href="#"></a></li>
      </ul>
    </div>
    <!--center end-->
    <!--right begin-->
    <div id="right">
      <div class="title">
      旅游文化<span><a href="#"><img src="images/more.jpg" border="0"
/></a></span></div>
      <ul>
        <li><a href="#">天下第一奇山——黄山</a> <a href="#"></a></li>
        <li><a href="#">中国非遗园国际灯会艺术节 </a> </li>
        <li><a href="#">寻梦拱北桥</a> </li>
        <li><a href="#">豆腐干情缘</a></li>
        <li><a href="#">源芳大峡谷之秋</a></li>
        <li><a href="#">三溪大峡谷随笔</a></li>
      </ul>
    </div>
    <!--right end-->
```

对内容主题部分元素的样式加以设置，CSS 代码如下：

```
/*---left---*/
#content #left{
    width:228px;
    height:298px;
    float:left;
    color:#666;
    margin:2px 15px 2px 0px;
    background-image:url(../images/title1.jpg);
}
/*----center---*/
#content #center{
    width:228px;
    height:298px;
```

```
        float:left;
        color:#666;
        margin:2px 15px 2px 0px;
        background-image:url(../images/title-2.jpg);
    }
    /*---right---*/
    #content #right{
        width:228px;
        height:298px;
        float:left;
        color:#666;
        margin:2px 15px 2px 0px;
        background-image:url(../images/title-3.jpg);
    }
    #content .title{
        font-size:15px;
        padding-top:4px;
        padding-left:20px;
        text-align:left;
        font-family:"微软雅黑";
        font-weight:bold;
        color:#000;
    }
    #content .title span{
        padding-left:100px;
    }
    #content ul{
        padding-top:80px;
        padding-left:18px;
        padding-right:10px;
    }
    #content ul li{
        list-style-image:url(../images/ico-2.gif);
        line-height:1.5em;

    }
```

9.2.4 图片导航部分

图片导航部分位于页面的主体位置右侧，为了保持与主体内容一致，我们将其宽度和高度尽量与内容部分保持一致。设定宽度为 197px，设置成右浮动，并且适当调整 margin 的值，代码如下：

```
#content #img{
    width:197px;
    float:right;
```

```
    margin-left:15px;
    margin-top:1px;
    margin-right:2px;
}
```

图片导航部分的 HTML 代码如下：

```
<div id="img">
  <a href="#"><img src="images/feiyi.jpg" border="0"/></a>
  <a href="#"><img src="images/fengsu.jpg" border="0"/></a>
  <a href="#"><img src="images/huangmei.jpg" border="0"/></a>
  <a href="#"><img src="images/chuancheng.jpg" border="0" /></a>
  <a href="#"><img src="images/anhuimingren.jpg" border="0" /></a>

</div>
```

上述代码的细节在本书前面的章节已经详细介绍，这里不再重复。至此，页面主体部分就制作完成。页面的主体部分的效果如图 9-4 所示。

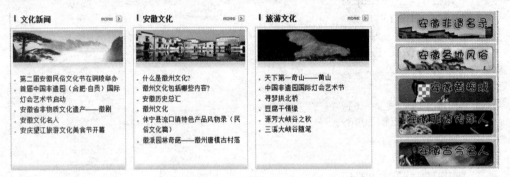

图 9-4   页面主体部分的效果

9.2.5   footer 脚注

#footer 脚注主要用来存放一些版权信息和联系方式，设计比较简单，其 HTML 框架仅为一个<div>块中包含一个<p>标记，代码如下：

```
<div id="footer">
<p><a href="about.html" target="_self">关于我们</a> | <a href="about.html"
target="_self">联系方式</a> | <a href="#" target="_self">网站招贤</a> | <a
href="#" target="_self">人才自荐</a> | <a href="#" target="_self">加入我们
</a> | <a href="index.html" target="_self">友情链接</a></p>
<address>版权所有 Copyright(C)2009-2012 安徽飞天网络科技有限公司</address>
</div>
```

因此对于#footer 块的设计，主要应符合页面整体风格即可，这里采用浅灰色背景图片，使得页脚与页面主体隔开，但又不失整体协调，CSS 代码如下：

```
#footer{
    background-image:url(../images/footer.jpg);
    text-align:center;
    padding:10px;
}
#footer a:hover {
    text-decoration:underline;
}
```

页脚部分的效果如图 9-5 所示。

关于我们 | 联系方式 | 网站招贤 | 人才自荐 | 加入我们 | 友情链接

版权所有 Copyright(C)2009-2012 安徽飞天网络科技有限公司

图 9-5 页脚部分的效果

9.3 整体调整

通过前面的分析与设计制作，整个页面基本形成。最后对页面效果做一些细节的处理，比如，整个页面默认字体、字号、颜色、超链接的样式、margin 和 padding 的值是否与整个页面协调、各个子块之间是否统一等。

本例采用固定宽度且居中的布局方式，背景设为浅灰色图片，整个页面加虚线框，这样看起来比较柔和协调，也适合在大显示器上浏览。CSS 代码如下：

```
body{
    margin:0;
    padding:0;
    font-family:"宋体";
    font-size:13px;
    background-image:url(../images/bg.jpg);
}
a{
    text-decoration:none; color:#000;
}
a:hover {
    color:#A50D28;
}

#container{
    width:960px;
    height:auto;
    margin:0 auto;
}
ul,li{
```

```
        list-style-type:none;
}
.clear{
        clear:both;
}
```

需要特别说明的是，在页面设计中经常会用到元素浮动效果，但是，设置页面元素浮动时，会导致其父元素的高度为 0px，因此要在适当的地方清除浮动。可以通过添加 <div class="clear"></div>代码清除浮动。这样，一个网站的首页就制作完成了。页面在 IE 中的显示效果如图 9-6 所示。

图 9-6 页面在 IE 浏览器中的显示效果

9.4 网页源码

页面完整的 HTML 源文件(char9\index.html)的代码如下：

```
<!DOCTYPE html>
<html>
```

```
<head>
<meta charset="utf-8">
<title>安徽民俗文化网</title>
<link href="css/index.css" rel="stylesheet" type="text/css" />
    <script src="js/jquery-3.2.1.js"></script>
    <script src="js/demo.js"></script>
</head>


<body>
<div id="container">
<!--header begin-->
  <div id="header">
    <div class="top">
        <ul>
            <li><img src="images/home.jpg" /><a onclick="this.style.behavior=
'url(#default#homepage)';this.setHomePage('http://www.ahmswh.com');"

href="http://www.ahmswh.com">设为首页</a></li>
            <li><img src="images/bookmark.jpg" /><a href="#"
onclick="javascript:window.external.AddFavorite('http://www.ahmswh.com',
'安徽民俗文化网')" title="收藏本站到你的收藏夹">加入收藏</a></li>
        </ul>
    </div>
    <div class="clear"></div>
    <div class="nav">
     <ul>
       <li><a href="#">网站首页</a></li>
       <li><a href="#">新闻中心</a></li>
       <li><a href="#">安徽历史</a></li>
       <li><a href="#">安徽文化</a></li>
       <li><a href="#">安徽非遗</a></li>
       <li><a href="#">戏曲文化</a></li>
       <li><a href="#">旅游文化</a></li>
       <li><a href="#">名人记事</a></li>
       <li><a href="#">安徽记事</a></li>
       <li><a href="#">图片专栏</a></li>
       <li><a href="#">联系我们</a></li>
     </ul>
    </div>
  </div>
  <div class="clear"></div>
  <div id="banner">
  <div id="dlunbo">
    <div id="pics">
        <div class="pic"><img src="images/1.jpg" /></div>
        <div class="pic"><img src="images/2.jpg" /></div>
        <div class="pic"><img src="images/3.jpg" /></div>
```

```
        <div class="pic"><img src="images/4.jpg" /></div>
        <div class="pic"><img src="images/5.jpg" /></div>
    </div>
    <div id="tabs">
        <div class="tab bg">1</div>
        <div class="tab">2</div>
        <div class="tab">3</div>
        <div class="tab">4</div>
        <div class="tab">5</div>
    </div>
    <div class="btn btn1"><</div>
    <div class="btn btn2">></div>
  </div>
  </div>
<!--header end-->
  <div id="content">
  <!--left begin-->
    <div id="left">
    <div class="title">
        文化新闻<span><a href="#"><img src="images/more.jpg" border="0"
/></a></span>
    </div>
    <ul>
        <li><a href="#">第二届安徽民俗文化节在铜陵举办</a></li>
        <li><a href="#">首届中国非遗园(合肥·自贡)国际灯会艺术节启动</a></li>
        <li><a href="#">安徽省非物质文化遗产——徽剧</a></li>
        <li><a href="#">安徽文化名人</a></li>
        <li><a href="#">安庆望江旅游文化美食节开幕</a></li>
    </ul>
    </div>
    <!--left end-->
    <!--center begin-->
    <div id="center">
    <div class="title">
        安徽文化<span><a href="#"><img src="images/more.jpg" border="0" />
</a></span></div>
    <ul>
        <li><a href="#">什么是徽州文化?</a></li>
        <li><a href="#">徽州文化包括哪些内容?</span></a></li>
        <li><a href="#">安徽历史总汇</a></li>
        <li><a href="#">徽州文化</a></li>
        <li><a href="#">休宁县流口镇特色产品风物录(民俗文化篇)</a><a href="#">
</a></li>
        <li><a href="#">徽派园林奇葩——徽州唐模古村落</a><a href="#"></a>
</li>
    </ul>
    </div>
```

```
    <!--center end-->
    <!--right begin-->
    <div id="right">
      <div class="title">
          旅游文化<span><a href="lvyou.html"><img src="images/more.jpg"
border="0" /></a></span></div>
      <ul>
        <li><a href="#">天下第一奇山——黄山</a> <a href="#"></a></li>
        <li><a href="#">中国非遗园国际灯会艺术节 </a></li>
        <li><a href="#">寻梦拱北桥</a> </li>
        <li><a href="#">豆腐干情缘</a></li>
        <li><a href="#">源芳大峡谷之秋</a></li>
        <li><a href="#">三溪大峡谷随笔</a></li>
      </ul>
    </div>
        <!--right end-->
    <div id="img">
      <a href="#"><img src="images/feiyi.jpg"  border="0"/></a>
      <a href="#"><img src="images/fengsu.jpg" border="0"/></a>
      <a href="#"><img src="images/huangmei.jpg" border="0"/></a>
      <a href="#"><img src="images/chuancheng.jpg" border="0" /></a>
      <a href="#"><img src="images/anhuimingren.jpg" border="0" /></a>

    </div>
    <div class="clear"></div>
  </div>

  <div id="footer">
<p>
    <a href="about.html" target="_self">关于我们</a> | <a href="about.html"
target="_self">联系方式</a> | <a href="#" target="_self">网站招贤</a> | <a
href="#" target="_self">人才自荐</a> | <a href="#" target="_self">加入我们
</a> | <a href="index.html" target="_self">友情链接</a></p>
  <address>版权所有 Copyright(C)2009-2012 安徽飞天网络科技有限公司</address>
  </div>
</div>
</body>
</html>
```

页面所需的 CSS 文件代码如下。

源文件(char9\css\index.css)的代码如下：

```
/* style.css */


body{
    margin:0;
```

```
        padding:0;
        font-family:"宋体";
        font-size:13px;
        background-image:url(../images/bg.jpg);
}
a{
        text-decoration:none; color:#000;
}
a:hover {
        color:#A50D28;
}

#container{
        width:960px;
        height:auto;
        margin:0 auto;
}
ul,li{
        list-style-type:none;
}
#header{
        background-image:url(../images/banner-bg.gif);
}
#header .top{
        width:960px;
        height:131px;
        background-image:url(../images/top-home.jpg);
}
#header .top ul{
        float:right;
        padding-right:20px;
        padding-top:20px;
}
#header .top ul li{
        width:85px;
        float:left;
}

#header .nav{
        width:920px;
        height:30px;
        color:#FFF;
        margin:0 auto;
}
#header .nav ul{
        margin:10px auto;
}
```

```
#header .nav li{
    width:75px;
    height:25px;
    float:left;
}
#header .nav li a{
    display:block;
    width:65px;
    height:23px;
    float:left;
    color:#FFF;
    background:none;
}
#header .nav li a:hover{
    color:#767565;
}

/*header end*/
/*banner begin*/
#banner{
    width:960px;
    height:300px;
}
#dlunbo {
    width: 960px;
    height: 300px;
    position: absolute;
}

.pic {
    position: absolute;
}

#tabs {
    position: absolute;
    top: 270px;
    left: 550px;
}

.tab {
    width: 26px;
    height: 26px;
    background-color: #0094ff;
    float: left;
    text-align: center;
    line-height: 26px;
    color: #fff;
```

```
        margin: 0px 5px;
        border-radius: 100%;
        cursor: pointer;
    }

    .btn {
        position: absolute;
        width: 40px;
        height: 70px;
        background: rgba(0,0,0,0.5);
        color: #fff;
        text-align: center;
        font-size: 40px;
        line-height: 70px;
        cursor: pointer;
        top: 50%;
        margin-top: -35px;
        display:none;
    }

    .btn1 {
        left: 0px;
    }

    .btn2 {
        right: 0px;
    }

    .bg {
        background-color: #651717;
    }

    /*banner end*/

    #content{
        background-color:#fff;
    }
    /*---left---*/
    #content #left{
        width:228px;
        height:298px;
        float:left;
        color:#666;
        margin:2px 15px 2px 0px;
        background-image:url(../images/title1.jpg);
    }
```

```
/*----center---*/
#content #center{
    width:228px;
    height:298px;
    float:left;
    color:#666;
    margin:2px 15px 2px 0px;
    background-image:url(../images/title-2.jpg);
}
/*---right---*/
#content #right{
    width:228px;
    height:298px;
    float:left;
    color:#666;
    margin:2px 15px 2px 0px;
    background-image:url(../images/title-3.jpg);
}

#content .title{
    font-size:15px;
    padding-top:4px;
    padding-left:20px;
    text-align:left;
    font-family:"微软雅黑";
    font-weight:bold;
    color:#000;
}
#content .title span{
    padding-left:100px;
}
#content ul{
    padding-top:80px;
    padding-left:18px;
    padding-right:10px;
}
#content ul li{
    list-style-image:url(../images/ico-2.gif);
    line-height:1.5em;

}
#content #img{
    width:197px;
    float:right;
    margin-left:15px;
    margin-top:1px;
    margin-right:2px;
```

```
}
.clear{
    clear:both;
}

#footer{
    background-image:url(../images/footer.jpg);
    text-align:center;
    padding:10px;
}
#footer a:hover {
    text-decoration:underline;
}
```

页面所需的 JavaScript 文件代码如下。

源文件(char9\js\index.js)的代码如下：

```
var i = 0;
var timer;
$(function () {
    $(".pic").eq(0).show().siblings().hide();//第一张图片显示，其余的图片隐藏
    LTimer();
    $(".tab").hover(function () {
        i = $(this).index();//获取到当前下标的索引，并赋值给 i
        show();
        clearInterval(timer);//清除定时器
    }, function () {
        LTimer();
    });

    $("#dlunbo").hover(function () {
        $(".btn").show();
    }, function () {
        $(".btn").hide();
    });

    $(".btn1").click(function () {
        clearInterval(timer);//清除定时器
        i--;
        if (i == -1)
        {
            i = 4;
        }
        show();
        LTimer();
    });
```

```
$(".btn2").click(function () {
    clearInterval(timer);//清除定时器
    i++;
    if (i ==5) {
        i = 0;
    }
    show();
    LTimer();
});
});

function show() {                    //当前图片显示，其余的图片隐藏
    $(".pic").eq(i).fadeIn(300).siblings().fadeOut(300);
    $(".tab").eq(i).addClass("bg").siblings().removeClass("bg");
}

function LTimer()
{
    timer = setInterval(function () {//间隔4s图片轮播一次
        i++;//i间隔4s，自增1
        if (i == 5) {
            i = 0;
        }
        show();
    }, 4000);
}
```

说明，例题中用到的 jQuery 文件：jquery-3.2.1.js 需要从网上下载。

上机实验 9

1. 实验目的

掌握用 DIV+CSS 网页布局的方法；掌握网页设计的步骤；掌握在网页中使用常用的 CSS 结合 JavaScript(jQuery)编写特效。

2. 实验内容

(1)　按照网页设计步骤和方法在 Dreamweaver 中调试书上的实例。

(2)　根据提供的素材和图 9-7 所示的效果图，设计网站首页。

图 9-7　网页效果图

习 题 答 案

习　题　1

1. 选择题

(1)～(5)：CCDCA

(6)～(10)：CABAB

(11)～(15)：ADBAC

(16)～(20)：ADBBB

2. 填空题

(1)　html , body , title

(2)　table , td

(3)　像素

(4)　\<input type=password name=*>

(5)　text/plain

(6)　head

(7)　\<html> ; \</html>

(8)　\<head> ; \</head>

(9)　\<title> , \</title>

(10) \<hr style="font-size:10px">

(11) name ; method ; post ; action

(12) 标记 , 脚本

(13) 超链接

(14) 文字、图形、超链接

(15) html

(16) iframe

(17) 脚本语言

(18) 客户端(浏览器) , 服务器

(19) 浏览器 , 服务器

(20) web 页 , 表单处理程序

(21) `<body bgcolor="green">`

(22) `<body background="/img/bg.jpg">`

(23) source

(24) border

(25) alt

(26) `<marquee>`

(27) 循环三次播放 ex.avi，延迟 250 毫秒，在播放前显示 ex.gif 图像

(28) 标记内的内容按照原格式显示在网页中

习 题 2

1. 选择题

(1)～(8):CDAA BCDB

习 题 3

1. 选择题

(1)～(5)：DDCAB

(6)～(10)：DBDDB

(11)～(13)：CAD

习 题 4

1. 选择题

(1)～(8)：BCAC ACCA

习 题 5

1. 选择题

(1)～(4)：AABB

习　题　6

1. 选择题

(1)～(5)：CCDDC

(6)～(10)：(BD)DCCD

(11)～(14)：DCCB

习　题　7

1. 选择题

(1)～(5)：CCCDB

(6)～(10)：CBDDC

(11)～(15)：CAB(BC)D

(16)～(20)：CCCCC

2. 填空题

(1)　length

(2)　$(this)[0]

(3)　even,odd

(4)　first,eq(1)

(5)　is(expr),false

(6)　offset,top,left

(7)　$("div").css("color", "green")

(8)　hover(over,out)

(9)　hide(),show()

(10) $("p").slideUp("slow")

(11) animate(params, options)

(12) $.noConflict(extreme)

(13) :not()

(14) attr(pro)

参 考 文 献

[1] 览众，张晓景. DIV+CSS 网页布局商业案例精粹[M]. 北京：电子工业出版社，2007.

[2] 于鹏. 网页设计语言教程(HTML/CSS)[M]. 北京：电子工业出版社，2003.

[3] 曾顺. 精通 CSS+DIV 网页样式与布局[M]. 北京：人民邮电出版社，2007.

[4] 黄玉春. ASP 动态网页设计[M]. 北京：清华大学出版社，2012.

[5] http://www.runoob.com/.